前言

自 1964 年开讲至今，位于东京世田谷的小料理教室即将迎来第五十个年头。十年前迁至银座后更是蒙大家厚爱，每天的课程几乎都满负荷运转。在此也向长期以来到我校学习的众多学员表示感谢。

这五十年间，我们料理学校教授的食谱数量超过了 1000 例。本书从中选出 150 例作特别介绍，多以最受学员喜爱的菜品、希望大家学会的菜品及我最喜欢的菜品为主。日本的家庭料理中，日餐毋庸赘言，西餐与中餐亦不可或缺。因此，本书分日餐、西餐、中餐三章登载人气料理、定例料理、宴客料理等各类菜品。在每章的开头，用各步骤示意图的形式介绍“料理教室人气菜品最佳 5 例”，并以此为基础，对主食与副菜、汤菜进行搭配，让您的餐桌菜品丰富变化多样。

和食（日餐）是日本人的“食”之基本。使用用海带与鲣节提取的汤汁烹制的煮物（煮炖菜品），或能轻松烹制完成的烧烤菜品无不广受欢迎。尤其在“最佳五例”中介绍的都是平常家庭料理的代表菜品。烹制方法记述得很详细，即便初学者也能轻松掌握。近来多少有些让人敬而远之的炖鱼其实最宜配米饭食用，简简单单就能做好。只要有条鱼只要有调料便可烹出美食，请一定学会。

洋食（西餐）在年轻人中特受追捧。不单是老派西餐店的汉堡包与沙拉，最近在家做些简单的法国料理、意大利料理的人似乎也多了起来。故此，意大利面食类、番茄焖煮鸡、法国炖菜等也选进了 150 例。

中华料理（中餐）是我特别喜欢的一类。因为在学员中也广受好评，真想再增加几例。借此也能多吃蔬菜，请一定加进菜品名单里来。

我教的是面向一般人士的家庭料理。为让家人吃得顺口顺心，菜品美观固然要紧，但费时间多花钱的装饰则能省就省。日餐中必不可少的汤汁也经过反复考虑，最终选定一次性加入材料的水提取法。这比专业做法简便多了。

不过，该下的功夫终归还是要下。蔬菜预煮易入味，肉馅儿慢炒除异味，影响菜品口味的功夫绝不可吝惜。另外，与日餐汤汁不同，西餐汤、中餐汤稍有些麻烦。一般用市面上销售的鸡骨汤精也无伤大雅，不过要事先了解用鸡骨汤精熬出的汤的口味。

亲手烹制的饱含深情的饭菜，能让家人倍感幸福。家庭料理的烹制绝不是什么难事。请一定感受一下烹饪的快乐及被家人夸赞饭菜好吃时的喜悦之情。

田中伶子烹饪学校代表　田中伶子

目录

日餐

最佳五例

定例菜品

烧烤菜品·油炸菜品

米饭

凉拌菜品

宴客菜品

年节菜

西餐

最佳五例

定例菜品

意式面食

沙拉

宴客菜品

column

中餐

最佳五例

定例菜品

宴客菜品

- 本书食谱以 2 人份为主，宴客料理等为 4 人份，另有方便烹制分量的菜品。
- 本书使用的小匙为 5ml，大匙为 15ml，1 杯为 200ml。称量米用容量 1 合 =180ml 的量杯。
- 微波炉使用 600W 的机型。用 500W 机型时，加热时间请以 1.2 倍为基准。受机型与使用年数影响多少会有所差异，请视情形适当调节。
- 1 块姜或蒜大体以大拇指指肚的大小为基准。
- 橄榄油使用特级初榨橄榄油。
- 日餐汤汁、西餐汤、中餐汤的做法见第 91 页。使用市面上销售的汤精时，请按商品外包装上的说明调整。

蔬菜的切法

只因切法不同，火候便会有所差异，口感自然也变了。要通过了解与料理或食材相匹配的切法，更高效地引发出食材的好味道

切圆片

将棒状或球状的蔬菜从一端起按相同厚度切分，如胡萝卜、萝卜、番茄、土豆等。厚度请视料理或蔬菜情况而定。

切碎末

将切好的丝码齐，从一端起细碎切分。粗末比碎末切得稍大些。

切半月形

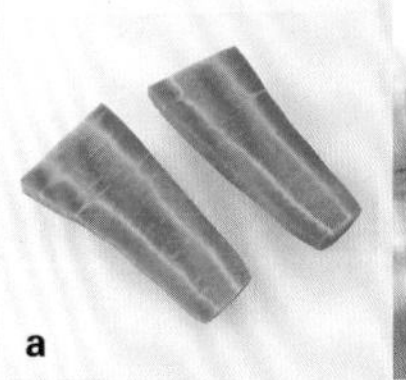

将圆切片再对半切开后的形状，棒状蔬菜纵向对半切开后再从一端起切分。

切银杏叶形

将半月形切片再对半切开后的形状，棒状蔬菜纵向切十字后再从一端起切分。

切小片

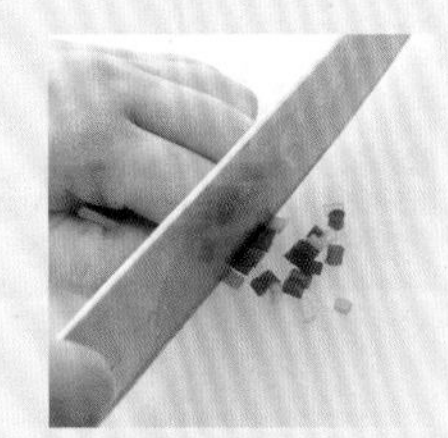

葱或黄瓜等细长的蔬菜从一端起切薄片。

切长方块

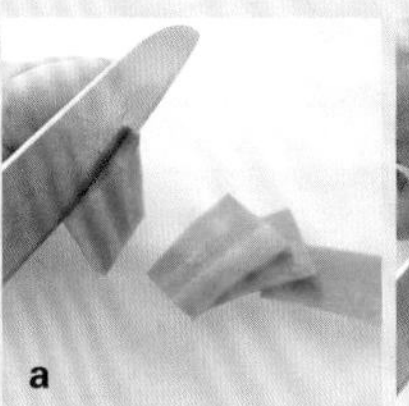

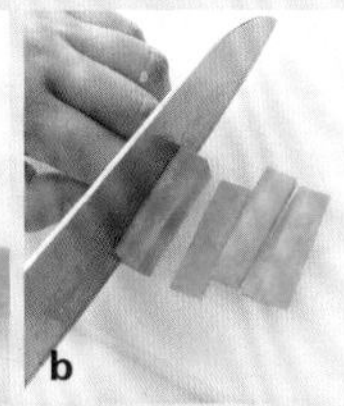

切成长条纸那样的长方形薄片，切成 4~5cm 长后纵向切成约 1cm 厚，再放平从一端起切薄片。

切丁

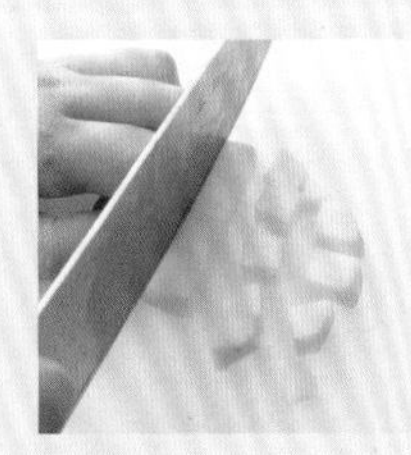

切成 4~5cm 长后，从一端起切 1cm 宽，旋转 90 度再切 1cm 宽。

乱切

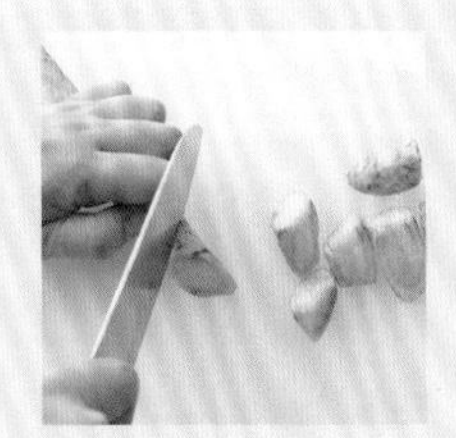

开始从一端起斜切，然后一边旋转蔬菜一边斜切。这样可增加表面积，加速熟透。

斜切

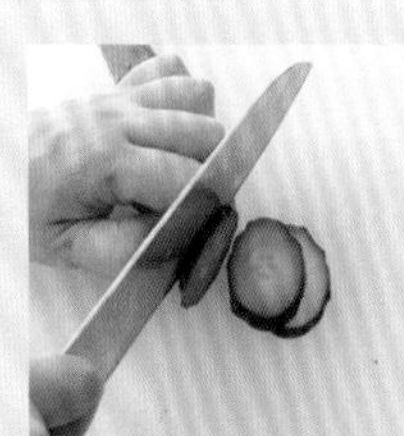

将细长的蔬菜从一端起斜切。切面呈长椭圆形，直径较小的蔬菜也能切出较大的断面。

切丝

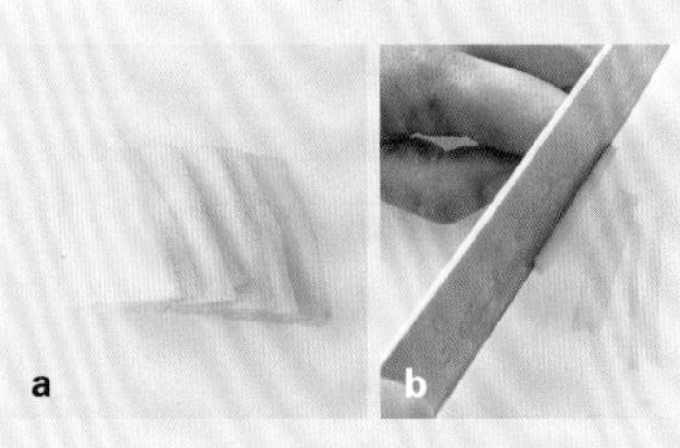

将薄切片重叠摆放，从一端起切成 1~2mm 宽。要比细切切得更细一些。

落锅盖的做法

用厨纸做落锅盖。有时间的时候，对照锅的尺寸预先集中做下几个最方便。

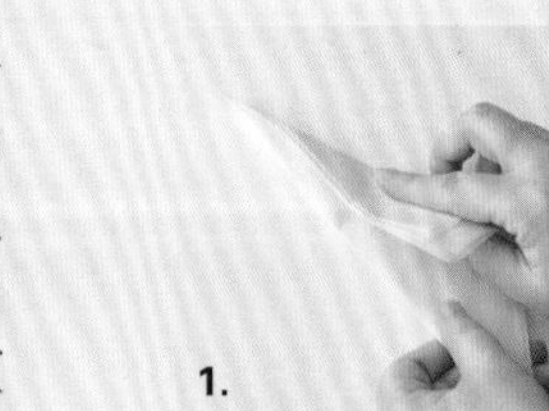

将厨纸剪得比锅的口径稍大一点儿。对折再对折。以中心为基点折 45 度再对折。

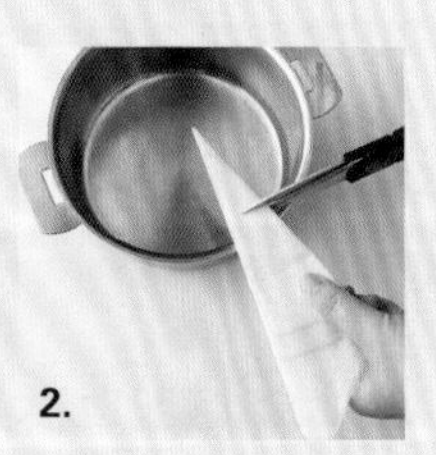

剪成从锅的中心起比锅的半径稍小的尺寸。

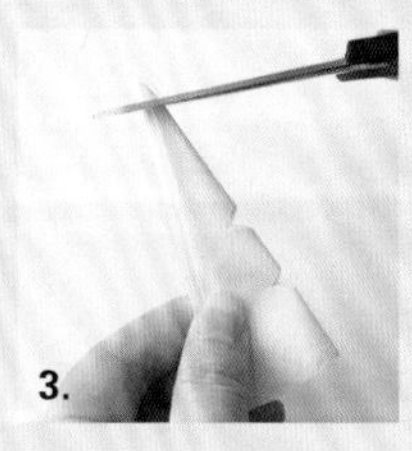

在长边上剪上两三处切口，剪掉头端。

展开后即成落锅盖形状。

日餐

从一辈子都吃不够的平和悠远难以忘怀的味道到节庆日的料理大餐，日餐里的每份食谱都该牢记在心。在人气最佳5例中会详细介绍日常的日式菜品，煮炖、烧烤、煎炸等，各类家庭日餐尽数网罗其中。更有宴客日餐，无论端到什么人面前都不失体面，大方得体。包括什锦年菜，如果有所了解，一定会派上大用场。容易被敬而远之的炖鱼也只需一柄平底炒锅就能手到擒来。材料不用太多，上手做做，出人意料地简单又好吃。可以借此重新认识日餐的意味深长哟。

田中伶子的日式家庭料理

（日）田中伶子——著
纪鑫——译

青岛出版社
QINGDAO PUBLISHING HOUSE

日餐最佳五例

土豆炖牛肉

甘辛口味定例菜品，跟米饭最般配。肉的好味道完全炖进了菜里

食谱提示

土豆炖牛肉里也有足量蔬菜，只要再加上个汤，食谱就大功告成。建议将汤的口味调清淡，比如简简单单的鸡蛋汤或飘着鸭儿芹的菜汤均可。

材料 / 2人份

牛肉薄切片 140g
土豆 2个
胡萝卜 半根
洋葱 半个
魔芋丝 100g
嫩豌豆荚（去筋加盐白焯）6个
芝麻油 2小匙
汤汁 1杯
砂糖 2大匙
味淋 1大匙
酱油 2大匙

日餐

1. 切分材料

牛肉切成一口大小。土豆也切成一口大小并浸水漂洗5分钟。胡萝卜乱切成大约3cm长的不规则块状。洋葱切成2cm宽的串形。

2. 浸入调味汁

魔芋丝白焯2~3分钟，然后切成5cm长。

3. 翻炒食材

芝麻油入锅加热，用中火翻炒牛肉直到牛肉变色。加入土豆、胡萝卜、洋葱，用微火翻炒直到表面变得稍稍透明，加入魔芋丝。

用汤勺撇出浮沫，丢弃到盛了水的碗里

4. 加入汤汁

加入汤汁煮沸，撇出浮沫，调至稍弱的中火。

盖上落锅盖，即便用少量煮汁也能浸透全部食材

5. 盖上落锅盖煮炖

加入砂糖、味淋烹煮3分钟后加入酱油。盖上落锅盖，用稍弱的中火煮炖15分钟，直到仅剩下少量煮汁。盛入餐器，撒上嫩豌豆荚。

干炸鸡肉

用酱油、姜泥等预先调味，使鸡肉彻底入味。炸得焦脆有窍门

食谱提示

醋拌黄瓜小银鱼、醋拌萝卜胡萝卜等使醋出味的清淡的蔬菜类副菜与本菜品最般配。干炸类主菜不含蔬菜，所以请添加上一道菜量满满的副菜。

材料 / 2 人份

鸡腿肉　200g

A
- 酒・酱油　各 ⅔ 大匙
- 姜（擦泥）1 大匙
- 砂糖　半小匙
- 盐　⅓ 小匙
- 胡椒　少量

淀粉　适量

煎炸用油　适量

沙拉菜　适量

1. 切分鸡肉

鸡肉横向斜切成 2cm 厚的一口大小。

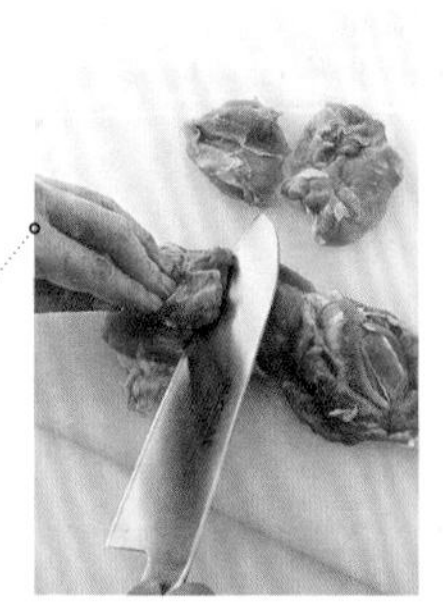

为使鸡肉彻底炸透，横置菜刀将鸡肉切削成薄片

4. 加热煎炸用油

将油加热到 170℃。将干燥的菜箸放入油底，咻咻地冒出细泡时即可使用。

2. 预先入味

混合调料 A，放入鸡肉，用手揉搓腌浸入味约 10 分钟。

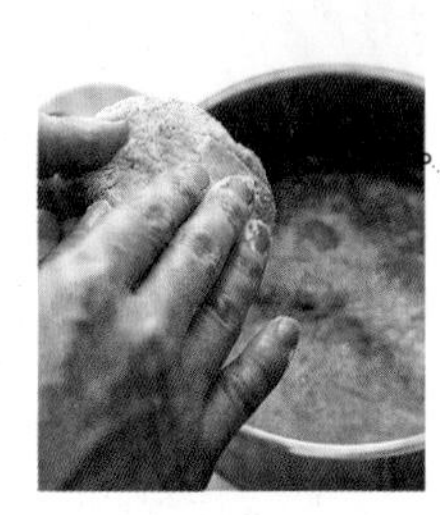

5. 再撒满淀粉

将要炸鸡肉前再薄薄地撒上 1 大匙淀粉。

淀粉撒两次，炸得更焦脆

3. 撒上淀粉

用厨纸拭净水分，均匀撒上 2 大匙淀粉。

6. 炸得焦脆

用加热到 170℃的油煎炸 4~5 分钟，炸到焦脆。置于油炸网盘上，与沙拉菜一起盛入餐器。

姜泥煎猪肉

腌浸时间只需5分钟，
最后将调味汁蘸裹上
煎烤，入味又匀又浓

食谱提示

因本菜品配有卷心菜或番茄等蔬菜，故此没有蔬菜类副菜也无妨。有豆腐裙带菜味噌汤等个人喜爱的汤菜就好。

材料 / 2人份

猪里脊肉（姜泥煎烤用）4片

用薄切肉片的话容易煎得打卷，所以请用约3mm厚的姜泥煎烤专用肉片

A | 酱油・酒・味淋 各1½大匙
姜（擦泥） 1大匙

色拉油 2小匙
卷心菜（切丝） 适量
紫洋葱（切丝） 适量
迷你番茄 适量

日餐

1. 筋切

在猪肉的肥肉与瘦肉交界处割入约3处切口（筋切）。

筋切后再煎烤，猪肉不会收缩

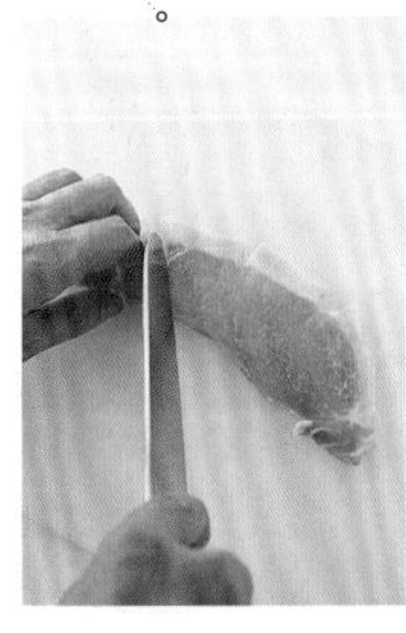

2. 将猪肉腌浸于调味汁内

混合调料A，腌浸猪肉5分钟。

腌浸时间太久的话，味道会过于浓烈

3. 拭净水分

用厨纸将步骤2猪肉上的水分轻轻拭净。预留出调味汁备用。

预留出调味汁，最后入锅蘸裹到猪肉上增味

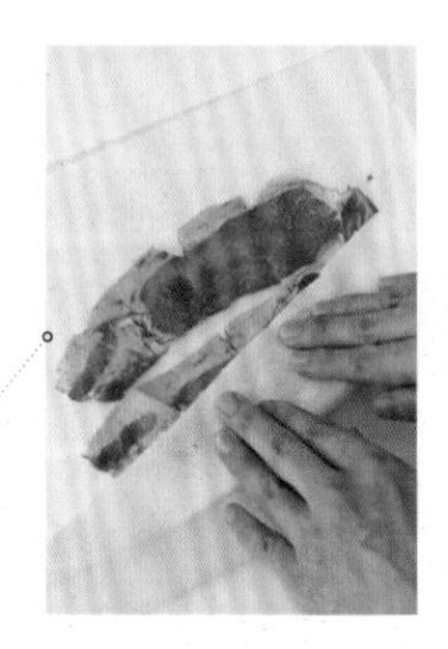

4. 煎烤猪肉

将色拉油入平底炒锅，用中火加热，煎烤猪肉2分钟左右，煎到猪肉稍微上色。翻转过来反面也同样煎烤。

5. 加入调味汁

加入剩余的调味汁。

6. 蘸裹调味汁煎烤

将调味汁蘸裹到猪肉上煎烤2分钟左右。盛入餐器，配上卷心菜、紫洋葱、迷你番茄。

干烧鲽鱼

如果做2人份，建议用比煮锅口径大的平底炒锅烹煮

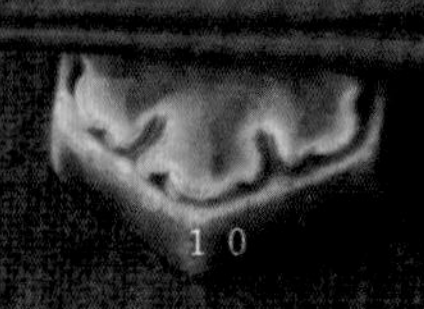

食谱提示

用凉拌油炸豆腐小油菜或芝麻拌菜豆等不费时间就能做成的副菜来补足蔬菜。再配上一碗味噌汤等汤菜，就成了很讲究的食谱。

材料 / 2 人份

鲽鱼（鱼肉块）2 块
盐　1 小匙
A | 酒　80ml
　| 水　1 杯
　| 酱油　3 大匙
　| 味淋　2 大匙
　| 砂糖　1½ 大匙
姜（切丝）少量

1. 去除黏液

在鲽鱼肉上撒盐。从尾部向头部用菜刀刀尖或塑料瓶的瓶盖刮除黏液与鱼鳞。反面也同样处理，水洗后拭净水分。

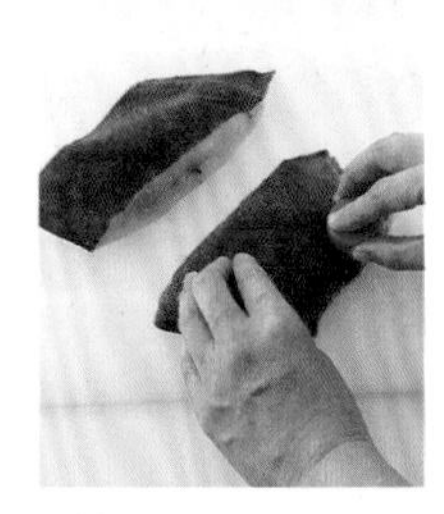

2. 割入切口

在鱼肉两面上割入 2 道切口。切口不要太浅，入刀要深割到鱼骨上。

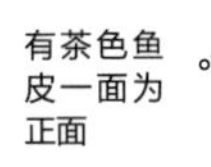

有茶色鱼皮一面为正面

3. 加入煮汁与鲽鱼

将调料 A 入平底炒锅快速混合，鱼肉正面向上并排入锅。

4. 盖上落锅盖烹煮

盖上落锅盖，用中火烹煮 7~8 分钟。

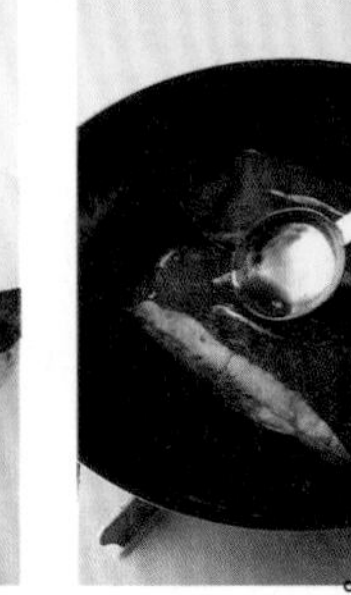

5. 浇淋上煮汁

揭掉落锅盖，用勺子掬起剩余的煮汁浇淋到鱼肉上再烹煮 3 分钟左右。盛入餐器，点缀上姜丝。

因鱼皮易破损，烹煮时不必上下翻转鱼肉

金平牛蒡

即便添加上少量鸡肉
也会增香不少。快速
翻炒保留齿感

食谱提示

金平牛蒡是口感颇佳的一道副菜，建议主菜做鱼。味噌煮青花鱼或姜煮沙丁鱼等都与本菜品极为般配。

材料 / 2人份

牛蒡　1根
胡萝卜　半根
鸡腿肉　50g
红辣椒　1根
炒白芝麻　1小匙

A　砂糖·味淋　各1大匙
　　酱油　2大匙
芝麻油　2小匙

带泥的牛蒡不但保存时间长，也更有风味

配上100g鸡肉的话甚至可以当作主菜

日餐

牛蒡的风味存于皮内，因此不要削去太厚

1. 切分食材

将牛蒡上的泥污彻底冲洗干净，用刀背刮皮。切成5cm长的丝，浸水漂洗5分钟。胡萝卜也切成5cm长的丝。鸡肉细切成5cm长。

2. 切红辣椒

用温水泡发红辣椒，去蒂除种切成小片。调料A预先混合于小餐器中备用。

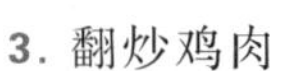

3. 翻炒鸡肉

加热平底炒锅，倒入芝麻油，用中火将鸡肉翻炒到变色。

4. 加入蔬菜翻炒

依次加入牛蒡、胡萝卜混合翻炒。

5. 加调料

翻炒3分钟左右，整体稍稍变软后，再加入调料A与红辣椒，用中火翻炒。

6. 炒干水分

水分炒干后便大功告成。盛入餐器，撒上芝麻。

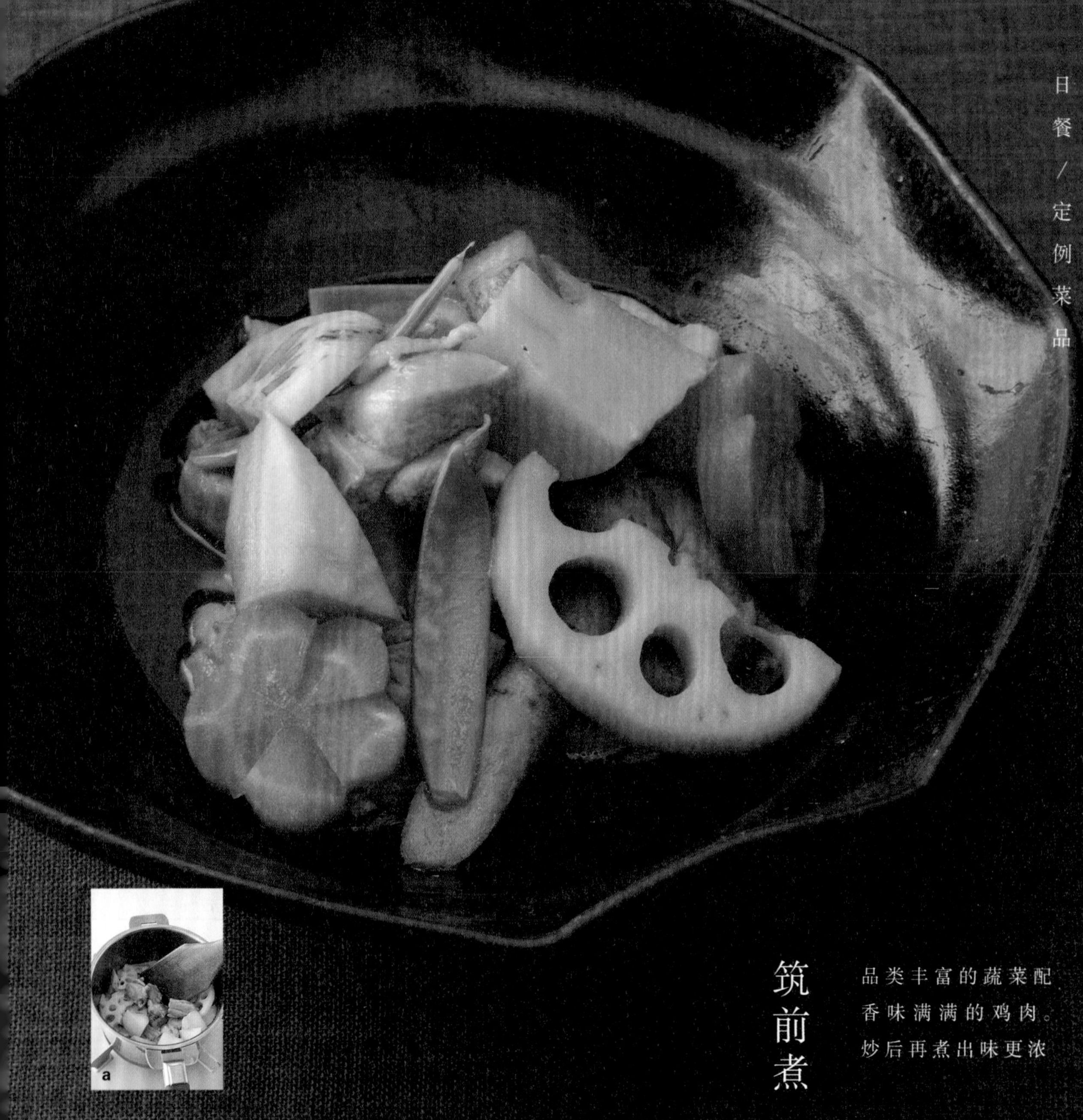

筑前煮

品类丰富的蔬菜配
香味满满的鸡肉。
炒后再煮出味更浓

材料 / 2 人份

鸡腿肉　160g
芋头　4 个
藕　1 小节
牛蒡　半根
竹笋（水煮）半个（100g）
胡萝卜　半根
嫩豌豆荚（去筋加盐白焯）6 个
芝麻油　1 大匙
汤汁　1½ 杯
砂糖　2½ 大匙
酱油　适量
味淋　1½ 大匙

1. 鸡肉切成一口大小，浇淋上 1 小匙酱油备用。芋头、藕、牛蒡、竹笋分别切成一口大小。胡萝卜切成装饰式样（或乱切成不规则块状）。芋头、藕、牛蒡预煮 2 分钟，置于沥水盆内用流水涮洗。
2. 芝麻油入锅加热，用旺火翻炒步骤 1 的食材（a），加入汤汁、砂糖、味淋，沸腾后调至中火，盖上落锅盖烹煮 5 分钟。
3. 将 2½ 大匙酱油加入步骤 2 的锅中烹煮。煮汁煮干后加入嫩豌豆荚简单混拌。

通过预煮可同时去除蔬菜的涩性浮沫及黏液

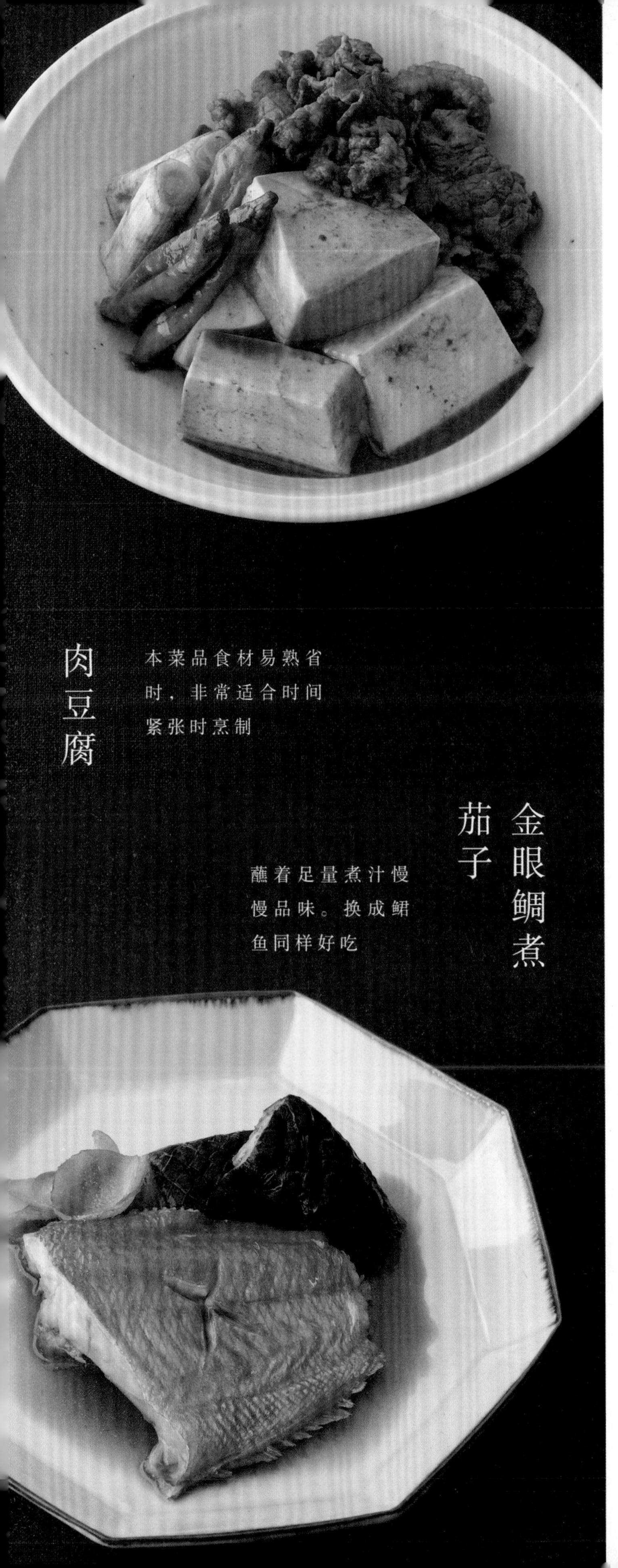

肉豆腐

本菜品食材易熟省时，非常适合时间紧张时烹制

材料 / 2 人份

木棉豆腐 ¾ 块（200g）
牛肉切片 160g
葱 半根
狮子辣椒 6 根
煮汁 | 砂糖・酒・酱油 各 2 大匙
　　 | 汤汁 半杯

1. 豆腐切成 8 等份。较大的牛肉切成一口大小。葱切成 3cm 长。狮子辣椒去萼，割入 1 道切口。
2. 将煮汁材料入锅坐火，煮沸后加入豆腐、葱、狮子辣椒，用中火烹煮 3~4 分钟。加入牛肉再煮 4 分钟。

牛肉加热时间太长会变硬，请注意火候

金眼鲷煮茄子

蘸着足量煮汁慢慢品味。换成鲥鱼同样好吃

材料 / 2 人份

金眼鲷 2 块（200g）
茄子 1 根
姜 1 块
A | 酒・水 各 4 大匙
　| 酱油・味淋 各 2 大匙
　| 砂糖 ⅔ 大匙

1. 在金眼鲷鱼皮上割入十字形切口。茄子纵向对半切开，茄皮上斜向割入 5~7mm 间隔的格子状切口，再对半切开浸水 5 分钟。姜带皮切薄片。
2. 将调料 A 入平底炒锅坐火，煮沸后将金眼鲷、茄子、姜摆放入锅。盖上落锅盖，用中火烹煮 7~8 分钟。盛入餐器，浇淋上煮汁。

高野豆腐炖虾仁

唯日餐才有的口味柔和的煮炖菜品，选用无需泡发的高野豆腐亦可

材料 / 2 人份

高野豆腐 3块
虾 4只
豌豆荚（去筋加盐白焯）4根
煮汁 | 汤汁 2杯
　　 | 砂糖 2大匙
　　 | 味淋 1½ 大匙
　　 | 薄口酱油 1大匙

1. 高野豆腐浸泡温水中20分钟左右泡发柔软至中心不再有硬芯，揉捏按压用流水冲洗直到水不再浑浊。双手夹紧豆腐挤净水分（a），切成2块。去除虾背肠。
2. 将高野豆腐放入已加进煮汁的锅里，盖上落锅盖，用中火煮炖15分钟。
3. 加入虾煮3分钟熄火。剥虾皮与其他食材一起盛入餐器，点缀上豌豆荚。

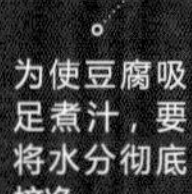

为使豆腐吸足煮汁，要将水分彻底挤净

a

藕块翅中麻辣煮

将鸡翅中煎烤成黄褐色再煮，口味与风味都更浓郁

材料 / 2 人份

鸡翅中 6 个
藕 200g
红辣椒 2 根
炒白芝麻 适量
芝麻油 1 大匙
A 汤汁 1 杯
酱油 2 大匙
砂糖・酒 各 1 大匙

1. 沿翅中骨在内侧割入切口。藕削皮乱切成不规则块状。红辣椒去蒂除种。
2. 芝麻油入锅用中火加热，将翅中摆放进锅内煎烤。表面上色后加入藕块与红辣椒翻炒 2~3 分钟。
3. 加入调料 A，盖上落锅盖，用中火烹煮到煮汁基本不剩。盛入餐器，撒上芝麻。

萝卜炖鰤鱼

本菜品用鰤镰烹制，换成鰤鱼肉块亦可。烹煮成米黄色，萝卜也美味可口

材料 / 2 人份

鰤鱼（鰤镰）200g
萝卜 ¼ 根
淘米汁 适量
姜（切丝）适量
A 汤汁 1½ 杯
酱油 2½ 大匙
味淋・酒・砂糖 各 2 大匙
小油菜（加盐白焯）2 棵

1. 鰤鱼切分成 4 块置于沥水盆内，均匀浇淋上热水再浸入冷水（热水焯生鱼）。
2. 萝卜切成 2cm 厚的半月形，用淘米汁预煮 20 分钟左右。姜浸水漂洗后挤净水分。
3. 将调料 A 入锅煮沸，加入鰤鱼、萝卜。再次煮沸后调至微火，盖上落锅盖，烹煮 30 分钟。盛入餐器，配上切成方便食用大小的小油菜，点缀上姜丝。

鸡肉治部煮

本来是用鸭肉烹制的加贺料理代表菜品。涂满鸡肉的小麦粉呈糊状

材料 / 2 人份

鸡腿肉 180g
烤面筋（板状・车轮状等）6 块
秋葵 2 根
A | 酒・酱油 各 1 小匙
B | 汤汁 1 杯
 | 酒 1 大匙
 | 味淋 半大匙
 | 酱油 2 小匙
小麦粉 1 大匙
辣根酱 适量

1. 鸡肉切成 5mm × 5cm 的四方块，用调料 A 预先调味。面筋用湿布巾包住泡发 5 分钟左右。秋葵用盐（不包含在本菜品调料用量内）揉搓去除绒毛，沿萼周切除萼叶，切成 2 块。
2. 将调料 B 入锅煮沸，在每块鸡肉上都薄薄地涂满小麦粉放进锅里。再加入面筋，用稍弱的中火烹煮 7~8 分钟。
3. 加入秋葵再煮 1 分钟。盛入餐器，点缀上辣根酱。

鱿鱼煮芋头

本菜品与米饭最对味。因芋头黏滑，可晾干后再剥皮

材料 / 2 人份

枪乌贼 小 1 只
芋头 4 个
A | 汤汁 2½ 杯
 | 酒 1 大匙
 | 砂糖 1½ 大匙
 | 酱油 2½ 大匙
 | 盐 少量
香橙皮 少量

1. 取下鱿鱼身体与足腕相连接的部分，将内脏整体掏出。去除体内软骨，剥皮切成 2cm 宽的环状。芋头带皮彻底洗净晾干，剥皮纵向对半切分开。
2. 热水入锅烧开，放入鱿鱼与芋头白焯 2 分钟置于沥水盆内。
3. 快速刷锅，将调料 A 煮沸，加入鱿鱼与芋头。盖上落锅盖，用中火烹煮 25 分钟。盛入餐器，点缀上香橙皮。

竹笋裙带菜拼盘

竹笋水煮也无妨，推荐使用风味独特、口感柔软的国产竹笋

材料 / 2 人份

竹笋（水煮）200g
裙带菜（盐腌保存）60g
A | 酒・砂糖・薄口酱油 各 1½ 大匙
鲣节 15g
花椒芽 适量

1. 竹笋根部横向切成 1cm 厚再对半切开，笋尖纵向切成 4 等份。裙带菜水洗去除盐分，切成一口大小。
2. 将鲣节与 2 杯水入锅坐火，即将煮沸前大幅度均匀搅拌，熄火过滤。
3. 将调料 A、步骤 2 中的食材、竹笋入锅用中火烹煮 15 分钟。加入裙带菜快速烹煮熄火入味。盛入餐器，点缀上花椒芽。

味噌煮青花鱼

蓝背鱼用热水白焯，腥气消除美味无比

材料 / 2 人份

青花鱼 2 块
姜（薄切片）1 块量
酒 1 大匙
盐 ⅓ 小匙
砂糖 1½ 大匙
味噌 3 大匙

1. 青花鱼置于沥水盆内，均匀浇淋上热水再浸入冷水（热水焯生鱼）。
2. 将酒、盐、1½ 杯水、姜入锅，青花鱼摆放进锅里坐中火，烹煮 3 分钟左右。
3. 加入砂糖、味噌，盖上落锅盖再煮 10 分钟，盛入餐器，配上煮汁、姜片。

蒸鸡蛋羹

本菜品可替代清汤来品味汤汁之味。有锅篦子的话，用普通锅就能蒸

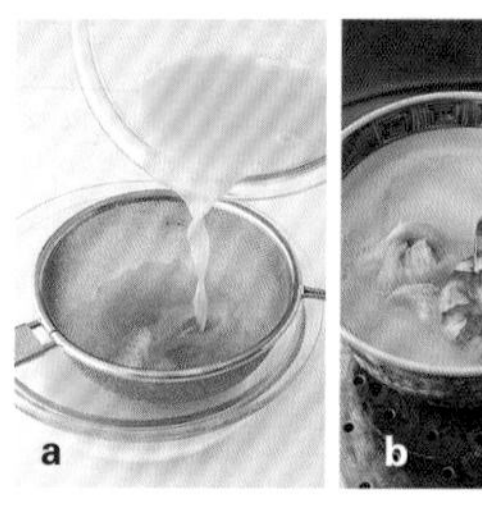

材料 / 2 人份

虾 4 只
鸡小胸肉 1 块
干香菇 2 个
鸭儿芹 4 根
鱼糕（薄切片）2 块
鸡蛋 1 个（50g）
盐・酒 各少量
A | 汤汁 1 杯
薄口酱油・味淋 各 1 小匙

1. 虾剥皮去除背肠，鸡小胸肉切成一口大小，撒盐洒酒。干香菇浸水泡发 30 分钟后细切。鸭儿芹 2 根一组将茎部系结。
2. 打散鸡蛋，加入调料 A，用沥水盆过滤（a）。

过滤一下，口感变顺滑

3. 将虾、鸡小胸肉、香菇、鱼糕盛入餐器，注入步骤 2 的蛋液。
4. 将热水倒入蒸饭器烧开，将餐器摆放进蒸饭器，盖上蒸饭器盖子用旺火蒸 3 分钟。
5. 开盖，蛋液开始发白变硬后（b）调至微火，再蒸 15 分钟。插入竹签汁液清澈即告完成。点缀上鸭儿芹。

中间开一次盖排出蒸汽是不出现气孔的关键

姜煮沙丁鱼

加醋烹煮可去除腥味。没有广口锅的话，可用平底炒锅

材料 / 2 人份

沙丁鱼　2 条
姜（切丝）1 块量
A｜酒・味淋・醋・酱油　各 2 大匙
　｜砂糖　1 大匙
　｜水　¾ 杯
葱（切适当大小）4 段

1. 沙丁鱼去头去肠，水洗后拭净水分。
2. 将调料 A 入锅煮沸，加入步骤 1 中的食材与姜，盖上落锅盖，用稍弱的中火烹煮 20 分钟。盛入餐器，点缀上用烧烤网架烤好的葱段。

冬瓜鸡肉松浇汁

坐火前将鸡肉馅儿充分搅拌开。口感绵软的冬瓜堪称绝品

材料 / 2 人份

冬瓜　⅓ 个（200g）
鸡肉馅儿　60g
A｜汤汁　2 杯
　｜味淋　1 大匙
　｜薄口酱油　2 小匙
　｜盐　¼ 小匙
B｜味淋・薄口酱油　各 1 大匙
　｜汤汁　¾ 杯
水溶淀粉｜淀粉　半大匙
　　　　｜水　1 大匙
青香橙皮（切丝）　少量

1. 冬瓜切成 5cm×7cm。极薄地刮去一层皮，要保留住绿色。
2. 将调料 A 煮汁煮沸，加入冬瓜，盖上落锅盖，用稍弱的中火烹煮 25 分钟左右，煮到冬瓜变软。
3. 将调料 B 入另一只锅，加入鸡肉馅儿搅开。坐火炒炖，均匀加入水溶淀粉，调得黏黏稠稠。
4. 将冬瓜盛入餐器，浇淋上步骤 3 的鸡肉松浇汁，点缀上青香橙皮。

鲷鱼白菜什锦蒸

不难熟的鱼类最适合烹蒸。蔬菜也一起蒸了蘸着佐料汁吃

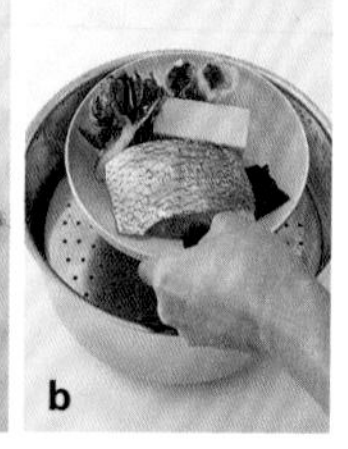

材料 / 2 人份

鲷鱼 2块
绢豆腐 ¼ 块
灰树菇（用手揉搓开）半袋量
白菜叶 1片
茼蒿 3根
海带（5cm 见方）2片
盐 少量
酒 2大匙
橙汁酱油 3大匙
红叶萝卜泥（市面售品）适量
酸橘（横向对半切开）1个量

1. 鲷鱼撒上盐静置5分钟，水洗后控净水分。豆腐切成3cm宽。白菜、茼蒿加盐白焯，挤净茼蒿水分。在白菜上面铺上茼蒿卷起（a），切成4等份。
2. 将1片海带铺在耐热容器内，放上1块鲷鱼。周围加入各半量的豆腐、灰树菇、茼蒿白菜卷，均匀浇淋上半量酒。另一个同样操作。
3. 将热水倒入蒸饭器烧开，加入步骤2的食材（b）。盖上锅盖用旺火蒸8分钟。※ 逐个烹蒸时，其余的蒸法相同。
4. 取出，分别配上红叶萝卜泥与酸橘，蘸橙汁酱油食用。

与海带一起蒸的话，好味道就会蒸进鱼里

炖南瓜

炖出天然甜味的菜品。因易炖烂，需加较少的煮汁盖上落锅盖煮炖

材料 / 2 人份

南瓜 ¼ 个
汤汁（或水）1 杯
味淋 2 大匙
砂糖 2 大匙
酱油 1 大匙

1. 南瓜去种去瓤，切成 4cm 见方的方块。任选几处削掉瓜皮。
2. 将南瓜、汤汁、味淋、砂糖、酱油入锅坐火。煮沸后盖上落锅盖，用稍弱的中火烹煮 15 分钟。因煮汁较少，要不时摇转着锅身烹煮。

什锦豆

预先多做些，最适作为常备菜。用水煮大豆更方便

材料 / 2 人份

大豆（水煮）200g
魔芋 150g
胡萝卜 100g
牛蒡 100g
海带 5cm 见方
A 汤汁 1½ 杯
　砂糖 2 大匙
　酱油 1½ 大匙

1. 清洗大豆置于沥水盆内。魔芋、胡萝卜、牛蒡切成 1cm 见方的方块。海带切成 1cm 见方。
2. 热水入锅烧开，将魔芋、胡萝卜、牛蒡白焯 3 分钟，置于沥水盆内。
3. 快速刷锅加入调料 A，再加进步骤 2 中的食材、大豆、海带，盖上落锅盖，用稍弱的中火烹煮 20 分钟。

材料 / 4 人份

羊栖菜（干燥） 20g
油炸豆腐　半块
胡萝卜　5cm
菜豆（加盐白焯） 5 根
芝麻油　2 小匙
A｜砂糖・酱油　各 1 大匙
　｜味淋　半大匙
　｜汤汁　半杯

1. 羊栖菜彻底洗净后浸于温水中泡发 10 分钟左右。控净水分切成 5cm 长。油炸豆腐置于沥水盆内均匀浇淋上热水，切成 5cm×1cm。胡萝卜细切成 5cm 长。菜豆切成 5cm 长。
2. 芝麻油入锅用稍强的中火加热，加入步骤 1 中的食材快速翻炒。加入调料 A，用微火烹煮 7~8 分钟直到煮汁煮干。熄火静置入味。

炒炖羊栖菜

本菜品用大有嚼头的羊栖菜茎烹制而成，换成羊栖菜芽同样好吃

炖干萝卜丝

虽说是干菜，新鲜的干萝卜丝仍不失美味。买到手后要尽早烹制

材料 / 3~4 人份

干萝卜丝　40g
油炸豆腐　1 块
胡萝卜　5cm
嫩豌豆荚　8 个
A｜汤汁　1 杯
　｜薄口酱油・味淋
　｜　各 1 大匙
　｜砂糖　1 小匙

1. 干萝卜丝用水充分搓洗干净并浸水 10 分钟。挤净水分切成 4cm 长。油炸豆腐置于沥水盆内均匀浇淋上热水，切成 5cm×1cm。胡萝卜切成 5cm 长的长方块。嫩豌豆荚去筋斜切。
2. 将调料 A 入锅，加入干萝卜丝、油炸豆腐、胡萝卜坐火。沸腾后用稍弱的中火烹煮 10 分钟。加入嫩豌豆荚再煮 1 分钟。

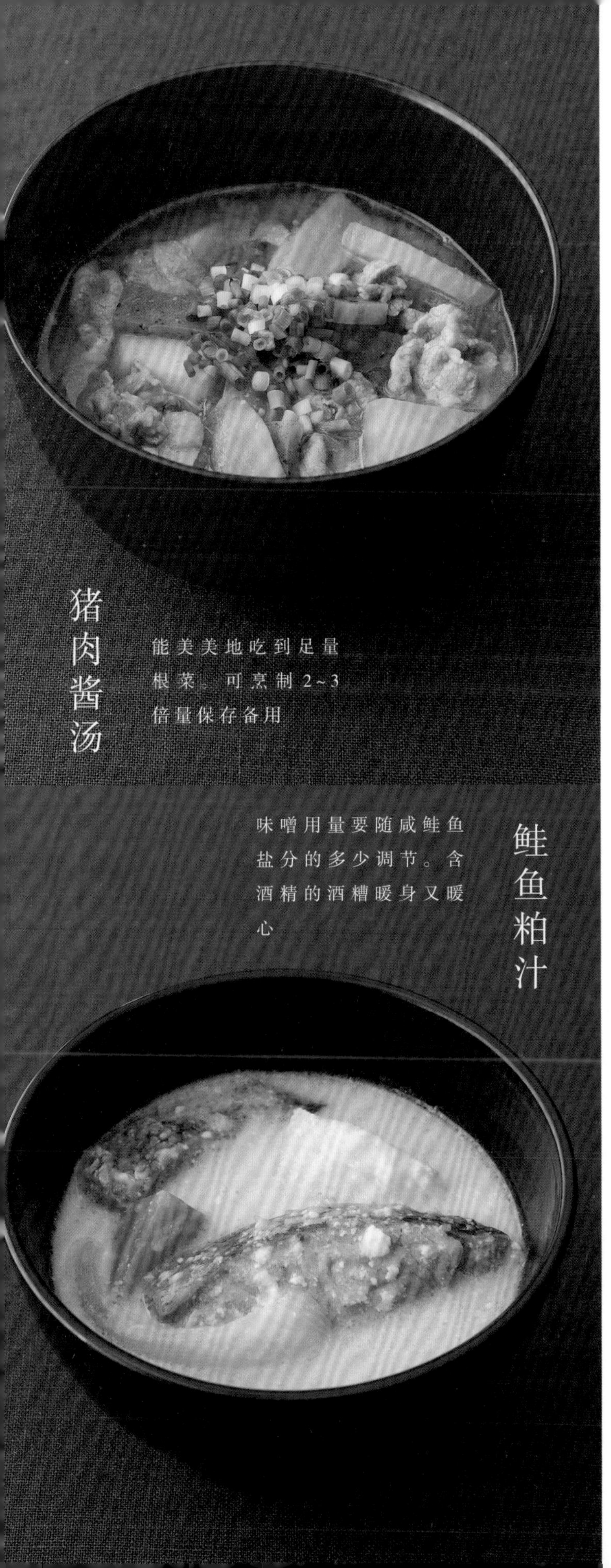

猪肉酱汤

能美美地吃到足量根菜。可烹制 2~3 倍量保存备用

鲑鱼粕汁

味噌用量要随咸鲑鱼盐分的多少调节。含酒精的酒糟暖身又暖心

材料 / 2 人份

猪肉薄切片 80g
萝卜 ⅛根
胡萝卜 ⅙根
魔芋 ⅓块
芋头 2 个
牛蒡 ¼ 根
油炸豆腐 ¼ 块
色拉油 2 小匙
汤汁 3 杯
味噌 3 大匙
万能葱（切小片）少量

1. 猪肉切成一口大小。萝卜、胡萝卜、芋头切成银杏叶形。魔芋切成 4cm 长的长方块。牛蒡斜切成薄片。油炸豆腐切成 4cm × 1cm。热水入锅烧开，将魔芋、芋头、牛蒡、油炸豆腐烹煮 2 分钟，置于沥水盆内。
2. 快速刷锅，用中火加热色拉油将猪肉翻炒到变色。加入萝卜、胡萝卜、魔芋、芋头、牛蒡、油炸豆腐再翻炒。
3. 加入汤汁烹煮到食材变软。溶入味噌煮沸后马上熄火。盛入木碗，点缀上万能葱。

材料 / 2 人份

咸鲑鱼 2 块
土豆 1 个
胡萝卜 ¼ 根
洋葱 ¼ 个
汤汁 2 杯
酒糟 4 大匙
白味噌（或混合味噌）2 大匙

1. 咸鲑鱼置于沥水盆内均匀浇淋上热水（热水焯生鱼），切成 2 块。土豆与胡萝卜乱切成一口大小的不规则块状。洋葱切成 1cm 宽。
2. 汤汁入锅坐火，煮沸后加入步骤 1 中的食材，用中火烹煮到变软。
3. 溶入切得细碎的酒糟与味噌后熄火。

鰤鱼照烧

鰤鱼置于网架上烧烤的话鱼肉容易裂开。可用平底炒锅慢慢煎烤后浇淋上照烧汁

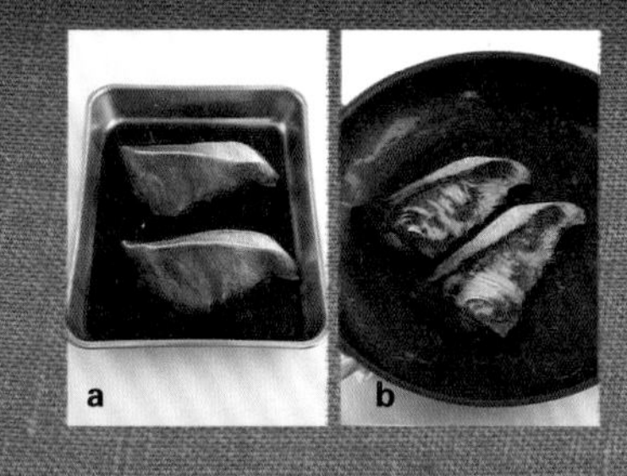

材料 / 2人份

鰤鱼 2块
青辣椒 4根
A 酒 1大匙
味淋 2大匙
酱油 2大匙
砂糖 1小匙
色拉油 1小匙

1. 将调料A倒入方瓷盘等容器内混合，将鰤鱼置于其中腌浸30分钟左右（a）。在青辣椒上纵向割入1道切口。
2. 色拉油入平底炒锅用稍弱的中火加热，将鰤鱼控净水分摆放入锅（预留出调味汁备用）。煎烤2分钟左右后翻转过来，反面也同样煎烤（b）。
3. 加入3大匙调味汁坐旺火，快速在鰤鱼肉上蘸裹上照烧汁。取出盛入餐器。
4. 接着在平底炒锅中加入青辣椒，用中火煎烤1分钟左右配到步骤3中的食材上。

。剩余的调味汁不要丢弃，可当作照烧汁

。最后加入调味汁蘸裹鱼肉调出照烧味

牛蒡牛肉卷

将相得益彰的牛蒡与牛肉合而为一的日餐定例菜品。又名八幡卷

材料 / 2 人份

牛肉薄切片　8 片（180g）
牛蒡　1 根
赤伏见唐辛子　2 根
A｜汤汁　1 杯
　｜砂糖　2 小匙
　｜酱油　1½ 大匙
色拉油　1 小匙
B｜砂糖・味淋　各 1 大匙
　｜酱油　1½ 大匙
　｜汤汁　半杯

1. 牛蒡切成 10cm 长 ×1cm 见方的棒状，浸水漂洗 10 分钟。
2. 将调料 A 入锅煮沸，用中火烹煮牛蒡 10 分钟，变软后取出。
3. 将 4 片牛肉平摊于砧板上，各片间相互稍稍重合，将 4 根步骤 1 中的食材扎在一起卷入牛肉片，用风筝线系 3 处结。其余的也同样操作。
4. 色拉油入锅加热，将 3 并排放入，将肉卷在锅内滚动着煎烤着色。加入 B，煎烤 10 分钟直到水分煮干，加入对半切开的赤伏见唐辛子再煎烤 2 分钟。牛蒡牛肉卷切成方便食用大小与赤伏见唐辛子一起盛入餐器。

烤豆腐

用芝麻油煎烤得焦黄酥脆。浇淋上佐料满满的调味汁

材料 / 2 人份

木棉豆腐　1 块
A｜姜（擦泥）1 块量
　｜蒜（擦泥）⅓ 块量
　｜酱油　1 大匙
　｜七味唐辛子　少量
芝麻油　1 大匙
万能葱（切小片）适量
鲣节丝　适量

1. 豆腐切成 1.5cm 厚的方便食用大小，用厨纸包住控水。
2. 芝麻油入平底炒锅加热，用中火将步骤 1 中的食材煎烤到两面呈黄褐色。因多次翻转会使豆腐破碎，注意只翻转一次即可。不时摇晃转动着炒锅煎烤，这样豆腐不会粘锅。
3. 盛入餐器，浇淋上调料 A，配上万能葱与鲣节丝。

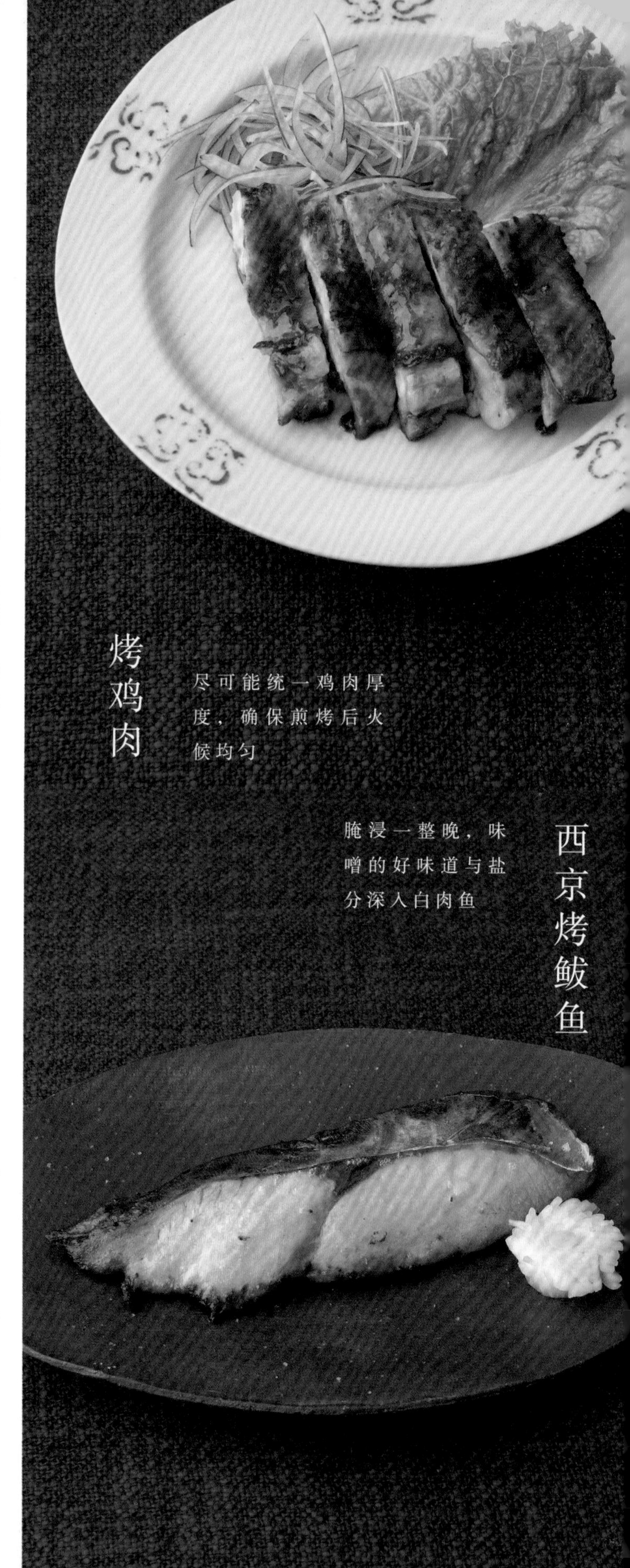

烤鸡肉

尽可能统一鸡肉厚度，确保煎烤后火候均匀

材料 / 2 人份

鸡腿肉　1 片
A｜酒・味淋・酱油　各 2 大匙
　｜砂糖　2 小匙
　｜盐　⅓ 小匙
　｜胡椒　少量
色拉油　1 大匙
紫洋葱（切丝）适量
散叶生菜　2 片

1. 垂直鸡肉肉筋割入浅浅的切口。较厚部分横置菜刀在厚度的一半位置割入切口，从切口处薄薄地切开，整体厚度都统一成 2cm 左右。鸡肉腌浸于调料 A 中预先调味。用厨纸拭净水分（预留出调味汁备用）。
2. 色拉油入平底炒锅加热，先将鸡肉带皮面入锅，用中火煎烤 4 分钟。着色后翻转过来，同样再煎烤 3 分钟。
3. 加入调味汁，往鸡肉上蘸裹着煎烤 2~3 分钟。盛入餐器，配上紫洋葱与散叶生菜。

西京烤鲅鱼

腌浸一整晚，味噌的好味道与盐分深入白肉鱼

材料 / 2 人份

鲅鱼　2 块
盐　少量
A｜西京味噌　60g
　｜酒・味淋　各 1 大匙
　｜薄口酱油　半大匙
菊花芜菁（有的话）2 个

没有的话用手边现成的味噌亦可，选用的味噌稍咸时，请酌情调节用量

1. 在鲅鱼两面稍稍撒上盐，静置 20 分钟后拭去水分。
2. 将调料 A 充分混拌，涂抹到鲅鱼的两面，包进保鲜膜内。放进保存袋等容器中，置于冰箱内 5~6 小时。
3. 将味噌彻底去除干净，用烤鱼转架或烧烤网架将两面烤得恰到火候。

清除下来的味噌涂抹到蓝背鱼上亦可。能再用一次

铝箔烤鳕鱼

因铝箔的密封作用，鱼和蔬菜的好味道都不会流失

材料 / 2 人份

鳕鱼（鱼肉块）2 块
洋葱　半个
丛生口蘑　半袋
彩椒（红）¼ 个
鸭儿芹　半把
盐・酒　各少量
A｜黄油・酱油・酒
　｜　各 1 大匙
　｜味淋　半大匙
黄油　1 小匙

1. 在鳕鱼肉块上撒盐洒酒，静置 10 分钟后快速清洗，拭净水分。洋葱切成 1cm 厚。从生口蘑去除根部分成小块。彩椒切成一口大小。鸭儿芹切成 4cm 长。
2. 将铝箔剪切成 20cm 见方的四方形，在中心处依次放上各半量的鳕鱼、洋葱、丛生口蘑、彩椒、鸭儿芹，加上半量的 A。将铝箔身前侧与对面侧合拢包起，将两端旋拧起来密封住。其余的也同样操作。
3. 用预热到 200℃的烤箱烘烤 7~8 分钟。烤好后打开铝箔配上黄油。

酱烤茄子

油炸的话容易炸得油拉拉的，就用平底炒锅慢慢煎烤。

材料 / 2 人份

茄子　小 2 根
A｜鸡肉馅儿　70g
　｜砂糖・味淋・
　｜　酒・汤汁・
　｜　赤味噌　各 2 大匙
色拉油　2½ 大匙
绿紫苏　2 片

没有赤味噌的话，也可以用手头现成的味噌

1. 在茄身上纵向薄薄削去一片，使其能安稳平躺。色拉油入平底炒锅加热，盖上锅盖用中火慢慢煎烤茄子 6 分钟左右。用菜箸按压茄子，变软的话，即煎烤完成。
2. 做鸡肉味噌。将调料 A 入小锅，用菜箸均匀搅开鸡肉馅儿坐中火。不断用菜箸搅拌着加热直到烹煮出照烧汁。
3. 在茄身上纵向割入一道切口，放入绿紫苏，满满地放进步骤 2 中的食材。其余的也同样操作。

出汁蛋卷

汤汁满满的关西风味出汁蛋卷。口感滋润

材料 / 2 人份

鸡蛋　4 个
A｜汤汁　4 大匙
　薄口酱油　1 小匙
　味淋　2 小匙
　盐　少量
色拉油　适量
萝卜泥　适量
酱油　少量

1. 打散鸡蛋，用筷子斜向搅匀蛋液使蛋清失去黏性，加入调料 A 充分混合。
2. 加热煎蛋锅，用浸透色拉油的厨纸擦拭锅内壁使其均匀过油。
3. 调至中火，注入 ⅓ 量的蛋液，表面开始变硬后，用菜箸掀起边缘。稍稍提高煎蛋器的对面一侧，将煎蛋向身前侧卷起。
4. 再用浸透色拉油的厨纸擦拭锅内空余部位均匀过油。将蛋卷推向对面一侧，在锅内空余部位注入 ⅓ 量的蛋液。掀起里侧的蛋卷，在蛋卷下面也注入蛋液。重复卷蛋煎蛋过程。
5. 取出蛋卷置于卷竹上，轻轻按压整形，形状稳定下来后，切分开盛入餐器。点缀上萝卜泥，浇淋上酱油。

盐烤鲹鱼

能将鲹鱼的美味充分体现出来的基本盐烤菜品。暮春到初夏最应季

材料 / 2 人份

鲹鱼　2 条
盐　1 小匙
色拉油　适量
笔生姜　2 根
柠檬（切串形）2 块

1. 鲹鱼刮鳞去骨质棱鳞。去除鱼鳃，在鱼腹上割入切口。掏出内脏，水洗。
2. 在鱼肉表面割入十字形切口（装饰刀痕）。整体撒盐，将足量的盐涂抹到所有鱼鳍上（盐不包含在本菜品调料用量内）。
3. 用毛刷在烤鱼转架的烤网上涂上色拉油加热。将鲹鱼头向左置于其上，用稍强的中火烧烤 7~8 分钟。将鱼头置于左侧盛入餐器，点缀上笔生姜、柠檬。

天妇罗

将应季食材炸得焦焦脆脆。蔬菜类应先于鱼贝类入油煎炸

材料 / 2 人份

虾　4 只
星鳗（三枚卸）半条
甘薯（1cm 厚圆切片）2 片
藕（7mm 厚圆切片）2 片
白果　4 个
鸭儿芹　8 根
竹笋笋尖（纵向对半切开）半个
A｜蛋黄　1 个
　｜小麦粉　80g
　｜冰水　¾ 杯
天妇罗底汤｜汤汁　半杯
　　　　　｜味淋・酱油
　　　　　｜　各 2 大匙
小麦粉・煎炸用油　各适量

1. 虾去背肠，剥皮留下一节尾巴，在内侧割入 3 处切口拉直。星鳗水洗切成两份。甘薯片、藕片浸水 5 分钟。破开白果壳入小锅加 1 杯热水烧开，用勺子底部碾压白果去除薄皮，2 个一组串到竹签上。鸭儿芹 4 根一组系一个结，系结不要太紧。
2. 将调料 A 大幅度搅拌，保留小面块儿。
3. 将油加热到 170℃，先菜后鱼依次分别撒上少量小麦粉没入调料，炸焦脆后盛入餐器。
4. 用小锅将天妇罗底汤煮沸后配上。

炸藕盒

藕片清脆齿感特别。用虾仁代替鸡肉馅儿同样好吃

材料 / 2 人份

藕（5mm 厚的圆切片）8 片
鸡肉馅儿　100g
葱（切碎末）4cm 量
姜（切碎末）1 块量
绿紫苏　4 片
A｜酱油・味淋・淀粉
　｜　各 2 小匙
B｜冷水　⅓ 杯
　｜蛋黄　半个量
　｜小麦粉　4 大匙
煎炸用油　适量

1. 藕片浸水 5 分钟。鸡肉馅儿、葱、姜、调料 A 入碗混合。
2. 拭净藕片上的水分，撒上淀粉（不包含在本菜品调料用量内），放入馅儿料总量的 ¼。其余的也同样操作。
3. 将步骤 2 中的食材与绿紫苏分别没入混合后的调料 B，用 170℃的油煎炸。

出汁炸豆腐

在撒满淀粉炸得焦脆的热热的豆腐盘里注入底汤

材料 / 2 人份

木棉豆腐　1 块

浇汁 | 汤汁　1 杯
　　 | 味淋 · 酱油　各 2 大匙

淀粉 · 红叶萝卜泥（市面售品）·
　万能葱（切小片）各适量

煎炸用油　适量

1. 豆腐切成 4 等份置于沥水盆内，静置 10 分钟控水。
2. 将煎炸用油加热到 170℃。在豆腐上均匀撒满 3 大匙淀粉，用手按压后入油。煎炸 4~5 分钟炸到整体呈黄褐色。
3. 浇汁材料入小锅坐火，煮沸后马上熄火。用 1 大匙水溶解半大匙淀粉，加入锅内调得黏黏稠稠。
4. 盛入餐器，点缀上红叶萝卜泥、万能葱，从周边注入浇汁。

因油花飞溅，油炸时请不要用菜箸翻动

烤秋刀鱼

在蓝背鱼上蘸裹甘辛口味的煮汁。沙丁鱼也同样好吃

材料 / 2 人份

秋刀鱼　1 条

盐　少量

小麦粉　2 大匙

A | 酱油　1 大匙
　| 味淋 · 酒 · 砂糖
　| 　各 1 大匙

色拉油　1 大匙

芜菁　1 个

花椒粉　适量

1. 秋刀鱼上撒盐腌 5 分钟后水洗。去除鱼头与内脏，快速冲洗拭净水分。三枚卸处理，切成一半长撒满小麦粉。
2. 芜菁稍稍留下茎，削皮，切成 4 等份揉搓进少量盐（不包含在本菜品调料用量内）。
3. 色拉油入平底炒锅加热，将秋刀鱼从带皮一侧开始煎烤，翻转过来两面都煎烤到火候适中。清洗平底炒锅，煮沸调料 A，将秋刀鱼回锅，将煮汁蘸裹到秋刀鱼上。
4. 盛入餐器，点缀上芜菁，撒上花椒粉。

青花鱼南蛮腌

刚油炸出锅就腌进带有辣味的佐料汁。佐料汁恰到好处的酸味让人食欲大增

材料 / 2 人份

青花鱼（鱼肉块）2 块
洋葱 ¼ 个
胡萝卜 ¼ 根
青椒 1 个
红辣椒（去种）1 根
A　醋 半杯
　　酱油 3 大匙
　　酒・味淋 各 1 大匙
　　砂糖 2 小匙
　　盐 半小匙
小麦粉 2 大匙
煎炸用油 适量

1. 洋葱、胡萝卜、青椒、红辣椒切丝。混合调料 A，混合蔬菜。
2. 青花鱼水洗后拭净水分，稍稍撒上少量盐（不包含在本菜品调料用量内），薄薄地撒满小麦粉，用加热到 170℃的油炸 5 分钟，炸干透。炸好后腌浸于步骤 1 的食材中。

油炸豆腐丸

本是禅寺的精进料理（素餐）。既是家常菜又能做酒肴

材料 / 2 人份

木棉豆腐 1 块
木耳（干燥）1 片
白果 6 个
胡萝卜 3cm
大和芋（擦泥）30g
A　汤汁 半杯
　　薄口酱油 1 小匙
煎炸用油 适量
酱油・芥末酱 各少量

1. 豆腐用清洁的布巾（或厨纸）包住压上镇石，压到只有原厚度的一半，控出水分。大和芋削皮擦泥。
2. 将浸水泡发后的木耳与胡萝卜细切成 1cm 长，将剥去薄皮的白果切成圆片。
3. 用锅煮沸调料 A，将步骤 2 中的食材煮 5 分钟，置于沥水盆内。
4. 用沥水盆滤过豆腐，与步骤 1 的大和芋及步骤 3 中的食材混合充分混拌，捏成乒乓球大小的丸形。放入加热到 170℃的油中，煎炸 5~6 分钟炸干透。盛入餐器，蘸芥末酱油食用。

亲子盖饭

鸡肉薄削更易熟透。亦可用平底炒锅一次做出2人份

材料／2人份

温热的米饭 2碗
鸡腿肉 160g
干香菇 2个
洋葱 ¼个
鸭儿芹 4根
鸡蛋 3个
A | 汤汁 半杯
  | 酱油 2⅓大匙
  | 味淋 2大匙

a

b

1. 鸡肉横向削薄片（a）。干香菇浸水泡发30分钟以上切薄片。洋葱切薄片。鸭儿芹切成2~3cm长。调料A入碗预先混合备用。将鸡蛋在另一只碗里打散。

削薄片，可使鸡肉易熟易烂，煮汁也不会煮干

2. 按1人份分别烹制。将调料A的半量入亲子锅（没有亲子锅可用稍小的平底炒锅）坐火，将各半量的鸡肉、香菇、洋葱加入摊开。
3. 鸡肉熟透后均匀注入半量搅开的蛋液，盖上锅盖10秒左右（b）使其半熟。盛到米饭上，撒上鸭儿芹。其余的也同样操作。

注入蛋液后盖上锅盖焖蒸，可快速半熟

鲷鱼茶泡饭

在口味浓郁的鲷鱼里注入热热的汤汁。意外简单地做出了料理店的味道

材料 / 2 人份

温热的米饭　2 碗
鲷鱼（生鱼片）160g
酱油・白芝麻酱　各 1½ 大匙
味淋　半大匙
汤汁　2 杯
薄口酱油　2 小匙
辣根酱・碎紫菜・茶泡饭用小碎块年糕　各适量

1. 芝麻酱入碗，用酱油、味淋调稀。鲷鱼切成 3mm 厚加入，腌浸 5 分钟。
2. 汤汁、薄口酱油入锅煮沸。
3. 将步骤 1 的鲷鱼、辣根、紫菜、小碎块年糕盛到米饭上，浇淋上步骤 2 中的汤汁。

牛肉盖饭

稍等即成的牛肉盖饭，当作早餐都来得及。撒上七味辣椒粉也美味可口

材料 / 2 人份

温热的米饭　2 碗
牛肉切片　160g
洋葱　¼ 个
A　汤汁　1 杯
　酱油　3 大匙
　酒・味淋　各 2 大匙
　砂糖　2 大匙

1. 牛肉切成一口大小，分开。洋葱切薄片。
2. 将调料 A 入锅煮沸，加入洋葱，用中火烹煮。稍稍变软后加入牛肉快速混拌，肉片过火加热。最后调至旺火快速蘸裹食材整体。连汤一起盛到米饭上。

材料 / 方便烹制的量

米　3合
蛤蜊（蛤蜊肉）150g
姜（切丝）30g
A｜薄口酱油・酒　各2大匙
　｜味淋　2小匙
汤汁　适量
万能葱（切小片）适量

1. 淘米，浸水30分钟。蛤蜊用盐水（2杯水配1小匙盐・不包含在本菜品调料用量内）振洗后，置于沥水盆内。
2. 将调料A入小锅煮沸，加入蛤蜊，用微火煮2~3分钟，过滤煮汁。
3. 将米与步骤2的煮汁加入电饭锅内，补加汤汁到3合的刻度线处混拌一次，正常焖煮。
4. 焖好后加入步骤2的蛤蜊，盖上锅盖，焖蒸10分钟。上下混拌盛入饭碗，点缀上姜与万能葱。

材料 / 方便烹制的量

米　3合
鸡大胸肉　150g
干香菇　2个
牛蒡　⅓根（50g）
胡萝卜　⅓根（30g）
竹笋（水煮）50g
汤汁　适量
A｜酱油　1½大匙
　｜味淋・酒　各1大匙

1. 淘米，浸水30分钟备用。
2. 干香菇浸水泡发。鸡肉、香菇切薄片。牛蒡斜着削成薄片，浸水漂洗后控净水分。胡萝卜细切成3cm长，竹笋切成3cm长。
3. 将米与调料A加入电饭锅，补足汤汁到3合的刻度线混拌一次。盛上步骤2中的食材正常焖煮。
4. 焖好后上下翻搅混拌。

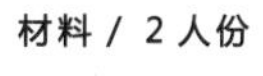

金枪鱼鸭儿芹焖饭

只需混拌不费工夫。让鸭儿芹、茗荷等佐料出足味道

材料 / 2 人份

温热的米饭　2 碗
金枪鱼罐头　1 小罐
鸭儿芹　4 根
茗荷　半个
酱油　半大匙
辣根酱　半小匙
炒白芝麻　1 小匙

1. 盛出 1 大匙金枪鱼罐头汁液，控净剩余汁液，将金枪鱼粗粗捣碎。鸭儿芹切成 2cm 长。茗荷切丝。
2. 将盛出的金枪鱼罐头汁液、酱油、辣根酱入碗混合。加入金枪鱼、鸭儿芹、茗荷混拌，再加入米饭整体混拌。盛入餐器，撒上芝麻。

白米粥

米 1 对水 7 的普通七分粥，可配着个人喜好的梅干或烤鲑鱼吃

材料 / 方便烹制的量

米　100ml
盐　半小匙

使用厚底锅或砂锅烹煮

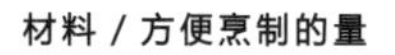

1. 淘米置于沥水盆内，入砂锅加入 700ml 水，搅拌一次。
2. 坐火熬 5~6 分钟，沸腾后马上调至极微火，中间抄底搅拌一次熬 1 小时。熬好后加盐。

a b

散寿司饭

节庆日不可或缺的经典日本味。不分老幼人人喜欢

材料 / 4 人份

米 3合

A | 海带 5cm 见方
  | 酒 1大匙

寿司醋 | 醋 5大匙
  | 砂糖 2大匙
  | 盐 1小匙

馅儿料食材 | 干香菇 2个
  | 胡萝卜 ⅓根
  | 酱油·砂糖 各1大匙
  | 干香菇泡发汁 1杯

蛋丝 | 鸡蛋 3个
  | 砂糖 1½ 大匙
  | 盐 少量
  | 色拉油 适量

虾仁（带皮）8只

烤星鳗 1条

藕 60g

甜醋 | 醋 2大匙
  | 砂糖 1大匙

1. 淘米，浸水 30 分钟备用。将米与调料 A 入电饭锅，补足水分到 3 合的刻度线处混拌一次，正常焖煮。将寿司醋材料加入小餐器内混合。米饭焖好后端上饭桌均匀浇淋上寿司醋，隔一口气的时间，使米饭吸足醋味。用饭勺切分混拌（a）。
2. 做馅儿料。干香菇浸热水中泡发 30 分钟（预留泡发汁备用），切薄片。胡萝卜切成 2cm 长的丝。将酱油、砂糖、干香菇的泡发汁入小锅煮沸，加入干香菇、胡萝卜用中火烹煮 10 分钟左右控净水分。
3. 做浇头。将甜醋材料加入小餐器内混合。虾去足，除去背肠，加盐白焯后剥皮，浸入半量甜醋中。星鳗切成 4cm 长。藕切薄片，加盐白焯 3 分钟后浸入剩余甜醋中。
4. 做蛋丝。鸡蛋打散与砂糖、盐混拌。将少量色拉油入平底炒锅，用中火加热，多余的油分用厨纸拭净，注入 ⅓ 量的蛋液，转动平底炒锅使蛋液整体薄薄地摊开，用稍弱的中火煎烤。蛋液火候适中后熄火用菜箸掀起蛋卷边缘。留意着不要烫伤，用手拎起蛋饼（b），翻转过来再煎烤 20 秒左右。剩下的食材也同样操作。将蛋饼一张张卷好，从一端起切丝。
5. 将步骤 2 的馅儿料食材加入步骤 1 的寿司饭内混拌。盛上步骤 3 的甜醋虾仁与藕、星鳗、步骤 4 的蛋丝，散上花椒芽。

红小豆糯米饭

用电饭锅很简单就能焖出来。庆贺什么的时候一定要按习俗端上桌

牛油果三文鱼卷

感觉新颖式样别致的寿司。紫菜卷在内侧

日餐

材料 / 方便烹制的量

糯米　3合
小豆（干燥）半合
酒　1大匙
盐　⅔小匙
黑芝麻　少量

1. 将小豆用足量的水烹煮，沸腾后撇掉热水。再新加3杯水煮30分钟，将小豆与煮汁分开。洗净糯米浸水2小时左右。
2. 将糯米、小豆的煮汁、酒、盐加入电饭锅，补足水分到糯米小豆饭3合量的刻度线处。盛入小豆，将电饭锅调至烹制糯米小豆饭模式焖煮。盛入餐器，装饰上适量黑芝麻、南天竹（不包含在本菜品调料用量内）。

材料 / 2人份

米　2合
牛油果（切成1cm见方的棒状）半个到1个
三文鱼（生吃用・20cm×1cm）2片
万能葱（20cm长）4根
炒白芝麻　5大匙
烤紫菜　2片
A | 海带　5cm见方
　| 酒　1大匙
寿司醋 | 醋　3大匙
　　　 | 砂糖　1大匙
　　　 | 盐　⅔小匙
蛋黄酱　2大匙
B | 柠檬汁・盐・胡椒　各少量
生姜（市面售品・有的话）2根

1. 淘米，浸水30分钟备用。将米与调料A入电饭锅，补足水分到2合的刻度线处混拌一次，正常焖煮。将寿司醋材料加入小餐器内充分混合。米饭焖好后端上饭桌均匀浇淋上寿司醋，隔30秒用饭勺混拌。将调料B涂抹到牛油果与三文鱼上。
2. 在卷竹上铺上保鲜膜，再铺上紫菜。将半量的寿司饭盛上摊开，连同紫菜一起翻过来。将各半量的牛油果、三文鱼、葱等摆放于横宽方向，在食材上浇淋上半量的蛋黄酱。
3. 连同卷竹从手前方向卷起。撤掉保鲜膜，表面撒上半量的芝麻。其余的也同样操作。切成方便食用的大小盛入餐器，点缀上生姜。

凉拌油炸豆腐小油菜

用汤汁酱油煮过的清淡的凉拌菜

1. 热水入锅烧开，加入1小匙盐，将半把小油菜从较硬的茎部开始浸入锅内，过1分钟后浸入菜叶。再煮1分钟浸于冷水，挤净水分切成4cm长。
2. 将半块油炸豆腐去除油分，切成4cm×1cm。
3. 快速刷锅，加入1杯汤汁、⅔大匙味淋、1大匙薄口酱油，再加入步骤1、2中的食材用中火煮3分钟左右。熄火静置冷却。

什锦白拌凉菜

值得花些工夫烹制的高档菜品

1. 将半块绢豆腐白焯1~2分钟，用布巾包住彻底控净水分。将豆腐与各1大匙的白研磨芝麻、砂糖、白味噌加入研钵细细研磨。
2. 将30g胡萝卜、50g萝卜切成3cm长的长方块，撒上少量盐彻底挤净水分。
3. 将80g魔芋（白色）入水预煮，切成长方块。将2个干香菇切薄片。将薄口酱油、味淋各1小匙，汤汁半杯入锅，加入魔芋与香菇烹煮5~6分钟控净水分。
4. 将步骤2中的食材与冷却后的步骤3中的食材加入步骤1中的食材中凉拌，盛入餐器。将2片嫩豌豆荚用热水白焯30秒切丝点缀其上

芝麻拌菜豆

热炒芝麻香气扑鼻

1. 将100g菜豆去筋，热水入锅烧开，加入1小匙盐，用稍强的中火白焯3分钟。浸入冷水冷却，控水切成3cm长。
2. 将2½大匙白芝麻入平底炒锅，用中火干炒后加入研钵用研磨棒粗磨。加入各2大匙的砂糖和酱油混拌均匀柔滑。
3. 加入步骤1的食材凉拌后马上食用。

金枪鱼冬葱凉拌

即便不是上等生鱼片，其美味也足以令人满意

1. 将80g金枪鱼（生鱼片用）切成2~3cm长的梆子形，用各少量盐和醋去除鱼腥味。
2. 在热水中加入1小匙盐，将半把冬葱的葱白部分白焯2分钟，葱青部分白焯1分钟，置于沥水盆内冷却。用手捋出葱里的黏液，切成3cm长。将40g裙带菜（盐腌保存）彻底洗净脱盐，没入热水10秒取出切成3cm长。
3. 将白味噌·砂糖·醋各2大匙与⅓小匙芥末酱充分混拌，凉拌步骤1和2的食材。

醋拌黄瓜小银鱼

三杯醋的代表性醋拌凉菜，这才是妈妈的味道！

1. 将2根黄瓜切小片撒上1小匙盐，变软后水洗用手揉搓，彻底挤净水分。
2. 将3大匙醋、1大匙砂糖、2小匙薄口酱油充分混合。
3. 在食用前将黄瓜与30g小银鱼干用步骤2的调料凉拌盛入餐器。配上少量茗荷丝。建议拌后马上食用。

材料／4人份

猪腹肉（五花肉块）500g
姜皮 1块量
葱青 1根量
A 汤汁 3杯
酒·酱油 各3大匙
砂糖 2大匙
葱 5cm
芥末酱 适量

1. 加热平底炒锅，加入猪肉将猪肉表面整体煎炒上色。
2. 猪肉入锅，加入能没过猪肉的水量，加进姜、葱青。用稍弱的中火煮炖2小时左右捞出猪肉。用水洗掉浮沫等污物，切成5~6cm见方的方块。
3. 将调料A加入另一只锅，将猪肉摆放入内。盖上落锅盖用微火烹煮30~40分钟。葱切丝浸水漂洗，彻底控净水（白发葱丝）。将猪肉盛入餐器，点缀上葱丝配上芥末酱。

煎炒时转动锅体，使所有面都上色

通过预煮，可去除大约3成的脂肪

豚角煮

花时间慢慢煮炖，猪肉无声无息变柔变软

野鸭火锅

为避免变硬，鸭肉不要煮过头。火锅口味要调准

材料 / 4人份

鸭里脊肉（大） 1片（400g）
冬葱 1把
赤车使者 1把
烤豆腐 1块
淀粉 3大匙
A | 汤汁 3杯
  | 酱油・味淋 各¼杯
花椒粉（有的话） 少量

1. 鸭肉切成5mm厚的薄片，逐片撒上淀粉。
2. 冬葱、赤车使者切成5~6cm长。烤豆腐切成1.5cm厚。
3. 将调料A入砂锅煮沸，加入步骤1、2中的食材。边咕嘟咕嘟煮炖边撒上花椒粉食用。

雪见锅

将擦成泥的芜菁比作积雪的火锅。烤出香味的鸡肉饼更是美味

材料 / 4人份

鸡肉馅儿 400g
绢豆腐 1块
滑子菇 1袋
水芹 1把
芜菁 4个（用半根萝卜也同样好吃）
A | 鸡蛋 半个
  | 酒・味淋・淀粉 各1大匙
  | 盐 ⅓小匙
色拉油 1大匙
B | 汤汁 3杯
  | 酱油 1½大匙
  | 味淋 1大匙
  | 盐 1小匙

1. 将肉馅儿与调料A充分搅拌混合均匀。分成16等份，捏成椭圆形。
2. 色拉油入平底炒锅加热，将步骤1中的食材用中火煎烤。两面都要烤上色。
3. 快速清洗滑子菇。水芹切成4cm长。豆腐切成8等份。芜菁削皮擦成泥，置于细孔沥水盆内用流水快速清洗控净水分。
4. 将调料B入砂锅煮沸，加入步骤2中的食材与滑子菇、水芹、豆腐。再次煮沸后马上熄火撒上芜菁。

寿司球

圆溜溜的球形寿司小巧玲珑招人爱怜。团捏成一口大小

材料 / 4 人份

小鲷细竹腌（市面售品）4 片
花椒芽 4 片
扇贝柱（刺身专用 · 5mm 厚）4 片
鸭儿芹茎 少量
熏三文鱼 4 块
香橙皮（擦泥）适量
香橙榨汁 半大匙
胡椒 少量
盐 · 醋 各少量
寿司饭 3 合米

除牙鲆鱼、金枪鱼外，煎蛋、虾仁、鸡肉松也同样好吃

1. 将寿司饭分成 12 等份，用手蘸水团捏成硬实的球形。扇贝柱上撒盐、洒醋。
2. 在步骤 1 的其中 4 个上依次配上小鲷、花椒芽，包裹进保鲜膜。
3. 在步骤 1 的另外 4 个上依次配上扇贝柱、鸭儿芹，包裹进保鲜膜。
4. 在步骤 1 的最后 4 个上配上熏三文鱼浇淋上香橙榨汁，包裹进保鲜膜。点缀上香橙皮擦的泥，撒上胡椒。

用保鲜膜包住，用力捏紧

粗卷寿司

做得用心才会好吃。这是希望传承给下一代的最具代表性的日本味

材料 / 2 根量

烤紫菜　2片
厚煎蛋｜鸡蛋　2个
　　　　砂糖　半大匙
　　　　盐　少量
　　　　色拉油　适量
菠菜　3棵
樱田麸（市面售品）30g
烧星鳗（市面售品）半片
葫芦干（干燥·长20cm）6根
干香菇　2个
酱油·砂糖　各1大匙
寿司饭　3合米
红姜　适量

1. 做煎蛋。鸡蛋打散，与砂糖、盐混拌。色拉油均匀注入煎蛋器，加入蛋液边卷边煎，做成厚煎蛋。降温，切成1.5cm见方的棒状。
2. 葫芦干与干香菇浸入温水泡发30分钟。葫芦干、干香菇、酱油、砂糖入锅坐微火，烹煮10分钟左右煮到变软。控净水分。
3. 将热水用另一只锅烧开，加入1小匙盐（不包含在本菜品调料用量内）白焯菠菜1分钟。浸水后彻底挤净水分，切掉根部。
4. 将烤紫菜反面向上铺到卷竹上，再在紫菜上摊放上半量的寿司饭，注意身前侧留出1cm、对面侧留出2cm的空余量。
5. 在寿司饭上横向摆放上半量的馅儿料食材（厚煎蛋、葫芦干、干香菇、菠菜、樱田麸、烤星鳗），用双手按压食材连同卷竹折进对面侧的寿司饭里。从卷竹外面压紧。沾湿菜刀切成8等份。其余的也同样操作。盛入餐器，点缀上红姜。

开始先卷一下，用双手压紧做出形状

每切一刀，都要用布巾等沾湿菜刀

堪察加拟石蟹炒鸡蛋

带壳海蟹炒鸡蛋。简约却赏心悦目

材料 / 4 人份

煮海蟹（带壳·火锅用）
1 袋（500g）
鸡蛋 3 个
芝麻油 1 大匙
A 盐 ⅓ 小匙
酒·薄口酱油 各 1 大匙
砂糖 半大匙
酸橘（横向对半切开）1 个量

选用火锅专用海蟹，轻松方便

1. 用剪刀等将海蟹带壳剪切成稍大的一口大小。
2. 芝麻油入平底炒锅加热，用中火翻炒海蟹，加入调料 A 混炒 3~4 分钟。
3. 鸡蛋打散加入，快速混拌，半熟时熄火。盛入餐器，配上酸橘。

大幅度充分混拌后马上熄火

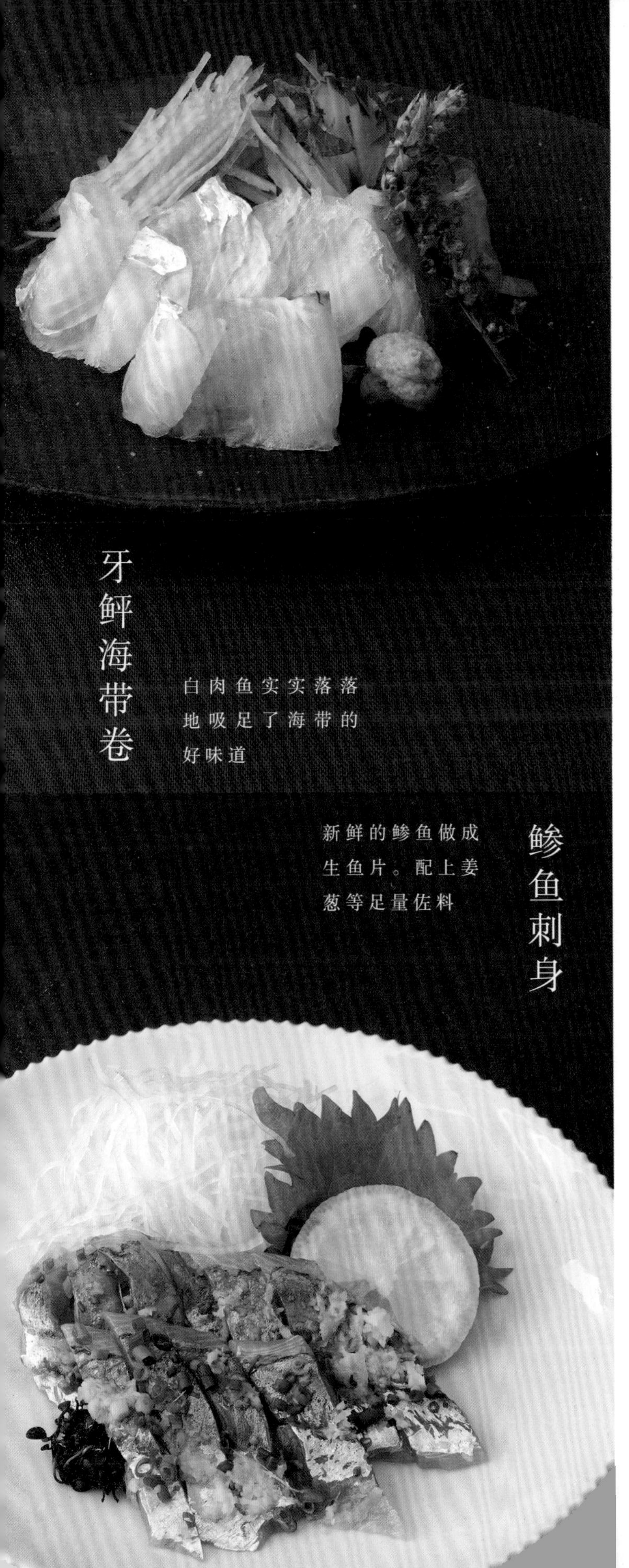

牙鲆海带卷

白肉鱼实实落落地吸足了海带的好味道

材料 / 4 人份

牙鲆鱼（生鱼片用）200g
海带（20cm×10cm）3 片
辣根（擦泥）适量
酱油 适量
装饰用｜花穗紫苏 适量
　　　｜南瓜（切丝）适量
　　　｜黄瓜（切丝）适量

鲷鱼或鲈鱼的生鱼片也同样好吃

1. 海带用湿布巾擦拭，沾湿。
2. 将牙鲆鱼不重叠地摆放于 2 片海带上。将摆放上牙鲆鱼的海带重叠摞放，再将余下的一片海带置于其上，摞成 5 层。整体包进保鲜膜置于冰箱内 1 小时。
3. 将牙鲆鱼从海带上揭下盛入餐器，配上辣根、花穗紫苏、南瓜、黄瓜。蘸辣根酱油吃。

鲹鱼刺身

新鲜的鲹鱼做成生鱼片。配上姜葱等足量佐料

材料 / 4 人份

竹荚鱼（生鱼片用）2 条
万能葱（切小片）4 根
姜（擦泥）1 块
醋 2 大匙
酱油 3 大匙
装饰用｜萝卜（切丝）150g
　　　｜红蓼 适量
　　　｜绿紫苏 4 片
　　　｜柠檬（圆切片）4 片

1. 鲹鱼刮鳞去骨质棱鳞。剁掉鱼头，剖开鱼腹掏出内脏。水洗后用厨纸拭净水分。
2. 三枚卸处理，削掉腹骨，拔去鱼刺。剥皮从一端起切成 1cm 宽，盛入餐器。
3. 在鲹鱼上撒上万能葱与姜泥。配上萝卜、红蓼、绿紫苏、柠檬，蘸醋酱油吃。

材料 / 4人份

鸡肉馅儿 300g

A | 酒・味淋・酱油・砂糖 各2大匙
味噌・姜汁 各1大匙

B | 鸡蛋 1个
小麦粉・面包糠 各3大匙

白芝麻 1小匙

防风（有的话）适量

1. 将调料A与半量鸡肉馅儿入锅坐微火。用菜箸不断混拌着炒炖加热。从锅里移出降温。
2. 将步骤1中的食材加入研钵，再加入剩余的生肉馅儿、调料B，用研磨棒研磨到没有颗粒整体润滑为止。
3. 注入方形容器，紧紧塞满到四角，平整表面，撒上白芝麻。用预热到180℃的烤箱烘烤25分钟。

半量预先炒炖，再用烤箱烘烤时能很快熟透

碾碎颗粒研磨成黏糊状，口感顺滑滋润

鸡肉松风烧

高档日本料理，既能端上年节餐桌也可作为平常下酒菜

松蘑土瓶蒸

享受浓香感受季节的菜品。汤汁请注入猪口细细品味

日餐

材料 / 4 人份

松蘑 1个
虾（带皮）4只
鸡小胸肉 1片
白果 8个
鸭儿芹（切成4cm长）少量
酸橘（切成4等份）2个量
A 汤汁 4杯
盐 ⅔小匙
薄口酱油 2小匙

灰树菇、鲜香菇、丛生口蘑等都同样好吃

1. 白果用白果破碎器等器具破壳，用热水快速白焯剥去薄皮。松蘑用清洁的布巾（或厨纸）沾湿拭去污物，纵向切成2mm宽。
2. 虾去除背肠，留尾剥皮。鸡小胸肉薄削成5mm厚。虾仁与鸡小胸肉置于沥水盆内均匀浇淋上热水。
3. 将¼量的虾仁、松蘑、白果、鸡小胸肉加入土瓶（1人用）。将调料A入小锅煮沸，注入土瓶¼量。烧烤网架置于小炉子上，将盖上盖的土瓶置于其上。煮沸后马上从火上移开，加入鸭儿芹。其余的同样操作。
3. 将食材与汤汁注入猪口，挤上酸橘汁。

不要水洗、剥皮，以免损失松蘑香味

这里介绍的年节菜说到底还是手工制作味更浓。

30日・31日只需做出5道菜，正月的准备就轻松多了。

干青鱼子、鱼糕、海带卷、沙丁鱼干等用市面售品就好。

材料 / 金属制方盘 20×20cm　1盘量

鸡蛋　6个
白肉鱼擂身（市面售品）150g
A | 砂糖　120g
　| 酒・味淋　各2大匙
　| 薄口酱油・盐
　| 　各半小匙

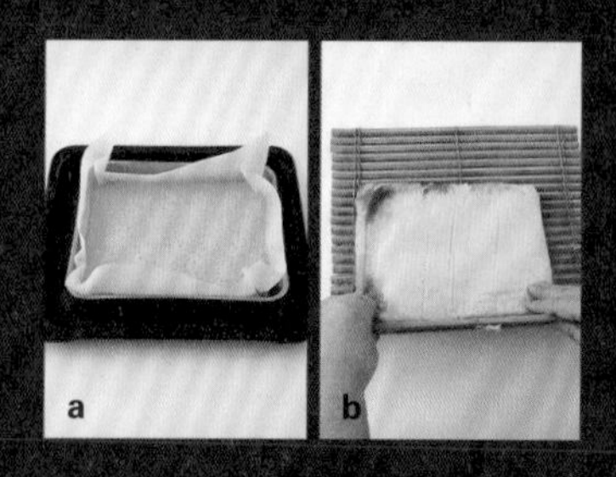

1. 将调料A加入用研磨棒研磨混拌到整体润滑。将鸡蛋打散入碗，斜向搅匀蛋液使蛋清失去黏性。将蛋液一点点加入研钵，充分混拌。
2. 将金属制方盘置于烤箱烤盘上，在方盘内铺上厨纸注入蛋液（a）。用预热到180℃的烤箱烘烤15分钟。表面烤成火候恰好的黄褐色，在中央插入竹签，拔出时没有不熟的蛋液随竹签带出即已烤好。
3. 趁热将烤得焦黄面向下置于鬼簾（或卷竹）上揭下厨纸，从身前方向卷起（b）。卷完后从卷竹外将整体用皮筋扎住，覆上保鲜膜。冷却后切成方便食用大小。

开始卷第一圈时尤其要卷紧

伊达卷

绵软的口感柔柔的甘甜是只有手工制作才能品尝到的特别味道

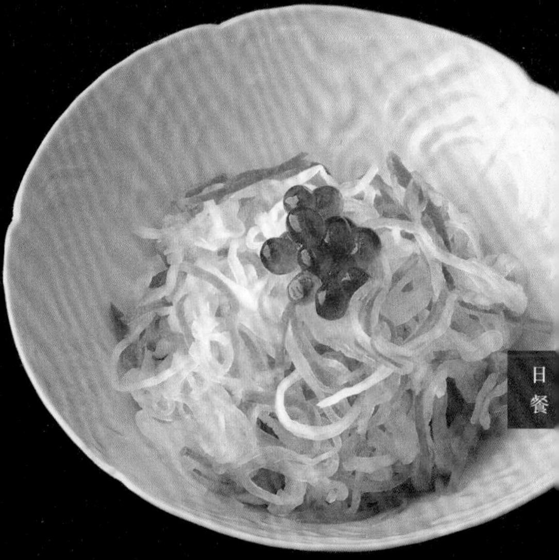

日餐

黑豆

产地不同，黑豆的种类、大小也各有千秋。请仔细确认包装袋上的说明后再烹制

材料 / 方便烹制的量

黑豆（干燥） 300g

A 砂糖 300g
酱油・盐 各 1 小匙
小苏打 半小匙

1. 将 2L 水与调料 A 入锅混合坐火，煮沸后马上熄火。加入水洗过的黑豆，腌浸一晚。
2. 连同调味汁一起坐火，用微火烹煮 2 ~3 小时，其间要不断撇出浮沫。

醋拌红白萝卜丝

正月料理中极为重要的一道菜。萝卜酵素有助于消化

材料 / 方便烹制的量

萝卜・胡萝卜 各半根
黄香橙皮（切丝） 少量
盐渍鲑鱼子（有的话） 适量
盐 1 大匙

A 醋 5 大匙
砂糖 3 大匙
盐 半小匙

1. 萝卜、胡萝卜切成 5cm 长的丝，入碗加盐揉搓，水洗后彻底挤净水分。
2. 将调料 A 入碗充分混拌，加入步骤 1 中的食材凉拌，放置 1 小时。盛入餐器，配上盐渍鲑鱼子。

有切丝器的话切丝瞬间完成，方便得停不下

栗子甘薯泥

加入甘露煮的糖蜜一起搅拌也同样好吃

材料 / 方便烹制的量

甘薯　600g（2个）
栗子甘露煮（市面售品）10个
栗子甘露煮的糖蜜　2大匙
砂糖　150g
味淋　2大匙

1. 甘薯削皮，切成1cm厚浸水10分钟。用足量水白焯20分钟左右直到甘薯变软。趁热用筛网滤过。
2. 将步骤1中的食材入锅，加入砂糖、味淋、甘露煮的糖蜜混拌。坐微火搅拌，注意不要糊锅，加入每个栗子都切成4等份的栗子甘露煮，搅拌均匀。

关东风味杂煮

小油菜先盛入餐器像铺上了垫子，年糕不会粘碗底

材料 / 4人份

鸡腿肉（切成一口大小）4块
虾（有头）4只
干香菇（用水泡发）4个
年糕　4块
小油菜　4棵
鱼糕（切成1cm厚）4块
汤汁　4杯
盐　适量
酱油　适量
香橙皮　适量

1. 鸡肉用少量酱油预先调味。虾带皮去除背肠。煎烤年糕直到浅浅变色。小油菜加盐（不包含在本菜品调料用量内）白焯，浸水后挤净水分，切成4cm长。在鱼糕上割入两道切口，拧转重叠（松叶）。
2. 将汤汁、$\frac{2}{3}$小匙盐、1大匙酱油入锅煮沸，加入鸡肉、虾、干香菇煮到熟透。
3. 将小油菜盛入餐器，加入年糕、鱼糕、步骤2中的食材，加满汤汁，点缀上香橙皮。

鱼贝类的预处理①

现介绍沙丁鱼的手开法以及鲹鱼全貌呈现时采用的二枚卸、三枚卸等处理方法。请用处理鲹鱼的方法同样预处理秋刀鱼。

沙丁鱼（手开）

刮鱼鳞

1.

刀尖由鱼尾向鱼头刮动，刮掉鱼鳞。残留的鳞片可用盛在碗里的水冲洗掉，用厨纸等拭净水分。

去鱼头

从胸鳍处入刀，切掉鱼头。

除内脏

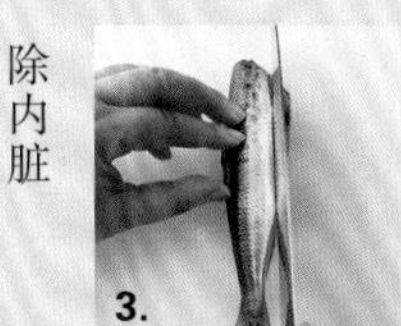

浅浅地斜切掉鱼腹内带有内脏的部位，掏出内脏。

用手豁开

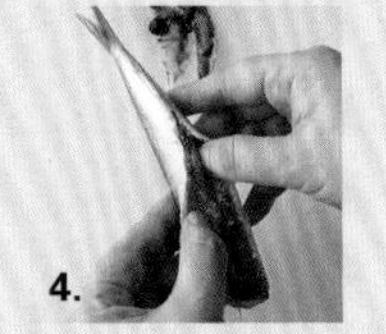

鱼腹侧朝上将拇指插入上身与中骨之间，向两侧豁开。

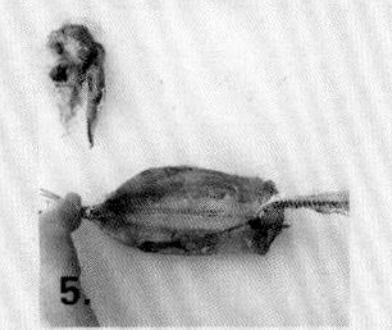

断开鱼尾根部的中骨，向鱼头一侧拉拽整根取下。

7.

腹骨剥取完成。

鲹鱼

去除鱼鳞及骨质棱鳞

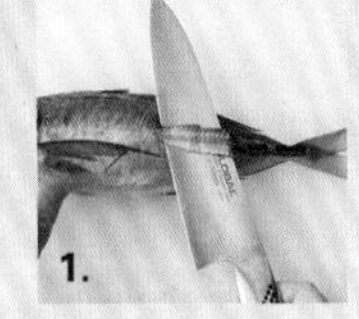

刀尖由鱼尾向鱼头刮动，刮掉鱼鳞。
自尾部将菜刀平放切入，切削下延伸到胸鳍头端身前侧的坚硬的骨质棱鳞。另一侧的棱鳞也用同样方法削掉。

◎盐烤用（鲹鱼全貌呈现）

去鱼鳃

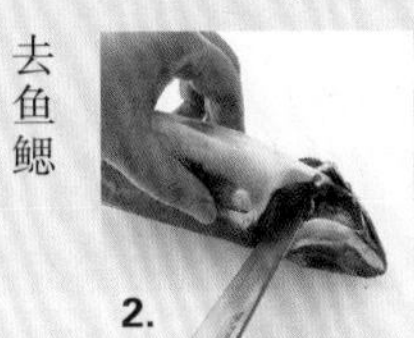

掀开鳃盖骨，用菜刀刀尖将鱼鳃与下腭连骨、上腭连骨分别切断。用手揪住鱼鳃整体拽出。

除内脏

在胸鳍下的鱼腹部位割入切口。用菜刀刀尖剜出内脏。快速清洗鱼腹内侧用厨纸等拭净水分。

割入装饰刀痕 撒上化妆盐

在鱼侧割入十字形切口（装饰刀痕）。从距鱼约30cm处的上方薄薄地撒上一层盐。将足量的盐用指尖涂抹在鱼鳍上。在背鳍、尾鳍、腹鳍、臀鳍上也同样涂抹上盐（化妆盐）。

◎二枚卸·三枚卸

去鱼头

将刀刃斜斜切入胸鳍根部切掉鱼头。

除内脏

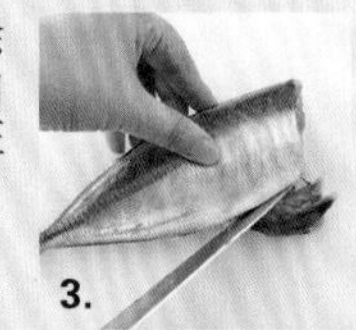

沿鱼腹接缝一直剖到肛门。用刀尖剜出内脏及鱼背内侧稍发黑的肉。快速清洗鱼腹内侧，用厨纸等拭净水分。

二枚卸

鱼尾置于左侧，平放刀刃沿中骨切入，从头部向尾部切削。

5.

二枚卸完成后的状态。

三枚卸

将中骨朝下，刀刃平放沿中骨切入，同样切削。三枚卸完成后的状态。

削腹骨

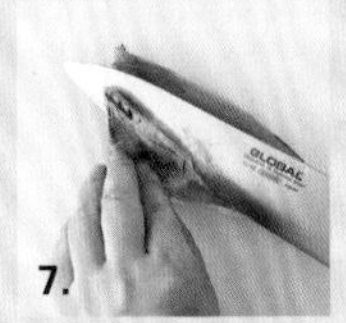

从三枚卸处理后的鱼肉上削掉腹骨。

拔鱼刺

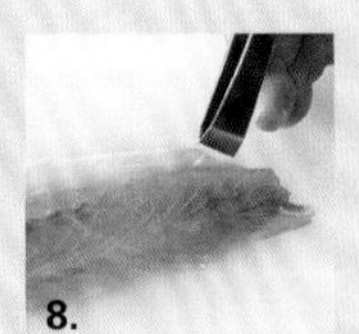

用镊子拔除沿中骨残留下的细小鱼刺。

剥鱼皮

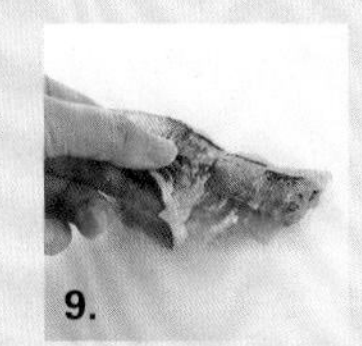

从头侧向尾部揭起约2cm。用右手按住鱼身，以刚才稍稍揭起的位置为起点，撕向尾部一下子完整地剥下鱼皮。

西餐

汉堡牛肉饼、咖喱、土豆肉末炸饼、奶汁烤菜等在日本家庭料理中不可或缺。这些美味不会出现在现成的副食里，唯有亲手烹制才好吃，马上动手学做吧！炸虾、法式黄油烤三文鱼等，不单是此类传统西餐，意大利、法国的新晋人气美食也过目难忘。酒煮烤鱼贝、法国炖菜、番茄焖煮鸡等在西餐馆中大受好评的菜品都将逐一介绍。意大利面食类菜单中也有了10道菜品的强大阵容。宴客菜品中烤猪肉、西班牙肉菜饭等让人垂涎的盛宴也将登场。“听着就好吃！”我似乎听到了这样的声音，可见料理之奢华。

西餐 最佳五例

汉堡牛肉饼

人人都爱的定例家庭料理。慢慢翻炒洋葱增添纯自然的甘甜

食谱提示

本菜品跟玉米汤或南瓜浓汤等黏稠的浓汤类最相配。想加大食谱总量时，在汉堡牛肉饼上添加煎鸡蛋做成夏威夷式米饭汉堡风味也无妨，同样好吃。

材料 / 2 人份

牛肉猪肉的混合肉馅儿　200g
洋葱　¼ 个
A　牛奶・面包糠
　　各 2 大匙
　鸡蛋　半个
　盐　⅓ 小匙
　肉豆蔻・胡椒
　　各少量

黄油・色拉油　各适量
红葡萄酒　2 大匙
半冰沙司（市面售品）60ml
番茄酱　1 大匙
胡萝卜（切成 4cm×2cm）6 块
西蓝花（切分成小块）6 块
胡椒　少量

1. 翻炒洋葱

洋葱切碎末。半大匙黄油入锅加热，用中火将洋葱翻炒到变软。出锅降温。

2. 搅拌肉馅儿

混合肉馅儿与洋葱，入碗加调料 A 充分混拌。

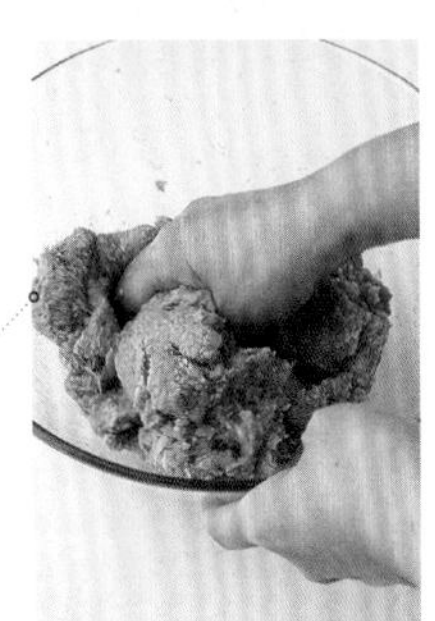

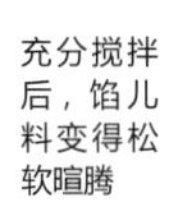

充分搅拌后，馅儿料变得松软暄腾

3. 捏成椭圆形

手上蘸上少量色拉油，将步骤 2 中的食材分成 2 等份，用凌空抓球那样的抓抛动作排出馅儿料里的空气。捏成椭圆形，使中央稍稍凹陷。其余的也同样操作。

4. 煎烤猪肉

色拉油・黄油各 1 小匙入平底炒锅加热，两面都用稍强的中火煎烤。约 2 分钟后翻转过来反面也煎烤 2 分钟左右。

5. 干蒸

调至微火盖上锅盖，干蒸 4 分钟左右。撤去锅盖用竹签扎刺中间，如果有澄清的汁液流出来的话，加入红葡萄酒烹煮挥发，盛入餐器。

6. 制作调味汁

将半冰沙司与番茄酱加入剩在平底炒锅里的烤汁中，用中火干熬约 2 分钟左右，浇淋到汉堡牛肉饼上。配上加盐（不包含在本菜品调料用量内）以及白焯过的胡萝卜与西蓝花。盛入餐器，撒上胡椒。

炸猪排

炸得香香脆脆热气腾腾，出锅就能吃，家庭料理独有的奢侈

食谱提示

配上足量卷心菜丝，无需再做蔬菜沙拉之类。建议选用维希奶油冷汤或土豆浓汤。虽说是西餐，味噌也一样对味。

材料 / 2人份

猪里脊肉　2片（200g）
盐　⅓小匙
胡椒　少量
小麦粉・搅开的蛋液・面包糠　各适量
煎炸用油　适量
炸猪排酱　适量
卷心菜・胡萝卜（切丝）各适量

西餐

预先切筋后再煎炸，猪肉不会收缩、打卷

1. 切筋

在猪肉的肥肉与瘦肉交界处割入4~5处切口（切筋）。两面撒上盐、胡椒。

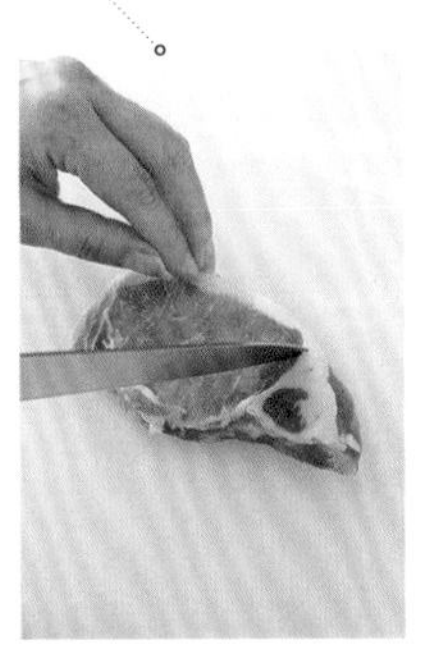

4. 入油

将步骤2中的食材加入油内，煎炸3~4分钟炸到焦脆。

2. 挂糊

猪肉两面撒满小麦粉，没入搅开的蛋液，在猪肉上轻轻附压上面包糠使其“着衣”。稍稍敲打，抖落掉多余的面包糠。

5. 出锅

将炸猪排置于带网架的方盘上，降温后切成方便食用的大小。盛入餐器，配上卷心菜丝、胡萝卜丝，浇淋上炸猪排酱。

3. 热油

油入煎炸用平底炒锅，加至2cm深，加热到170℃。先将菜箸头端放入油底，咻咻地冒出细泡时即可使用。

即便不用煎炸专用的平底铁锅，用深约2cm的油，平底炒锅也能炸好

咖喱鸡米饭

香味浓郁，口感却清爽。加进苹果或香蕉等隐味，烹出复杂的口味

食谱提示

用上凉拌卷心菜沙拉或酸奶汤底调味汁的沙拉配本菜品可谓天造地设。凸显酸味的甜泡菜是道很好的清口菜。

材料 / 2 人份

鸡腿肉　200g
洋葱　半个
蒜　1 块
姜　1 块
苹果　¼ 个
香蕉　¼ 根
盐・胡椒　各适量
小麦粉　适量
色拉油　适量
咖喱粉　1½ 大匙
浓缩番茄酱　1 大匙
西餐汤　2 杯
温热的米饭　适量

1. 预处理

鸡肉切成一口大小。洋葱、蒜、姜切碎末。苹果擦泥。香蕉切成 1cm 见方的方块。

水果的酵素可使鸡肉口感柔嫩

2. 煎烤鸡肉

鸡肉上撒上少量盐和胡椒，撒满 2 小匙小麦粉。半大匙色拉油入锅加热，用旺火煎烤鸡肉。煎烤变色后出锅。

鸡肉出锅一次再回锅，不会煮得太硬

3. 翻炒洋葱等

将 ⅔ 大匙色拉油与洋葱、蒜、姜加入同一锅内，用中火翻炒 20 分钟，炒到变成米黄色。

慢慢翻炒引发甜味，一直炒到变成米黄色

4. 加入咖喱粉等

加入 1 大匙小麦粉、全量咖喱粉，翻炒 5 分钟左右。

5. 调味后再煮

加入浓缩番茄酱、西餐汤坐火。煮沸后加入鸡肉、苹果、香蕉，调至微火煮炖 15 分钟左右。用少量盐和胡椒调味。与米饭一起盛入餐器。

奶汁烤虾仁

白汁沙司做起来意外地简单。虽然加了奶油，口味却极清爽

食谱提示

做道副菜足量补上蔬菜吧！西蓝花・盐・胡椒嫩煎肉、胡萝卜沙拉、白焯蔬菜沙拉等菜品，在用烤箱烘烤之时，就能轻松做好。

材料 / 2 人份

虾 8只
洋葱（切成 1cm 见方的方块）¼ 个量
松伞蘑（纵向切成 5mm 宽）6 个量
通心粉 80g
盐・胡椒 各适量
白葡萄酒 1 大匙
黄油 10g
奶酪粉 1 大匙
面包糠 1 大匙
荷兰芹（切碎末） 少量

白汁沙司
黄油・小麦粉 各 40g
牛奶 3 杯
盐 ⅓ 小匙
胡椒 少量

西餐

1. 预处理

虾剥皮去足清除背肠，切成 1cm 见方的方块，揉搓进少量盐和胡椒、白葡萄酒。通心粉按包装袋上指定的时间加盐烹煮。

2. 翻炒虾仁等

加热平底炒锅融化黄油，用中火翻炒虾仁与洋葱，变色后撒上各少量的盐和胡椒。

3. 翻炒黄油与小麦粉

做白汁沙司。黄油入厚底锅坐微火，融化后加入小麦粉，用木铲翻炒 5 分钟左右。

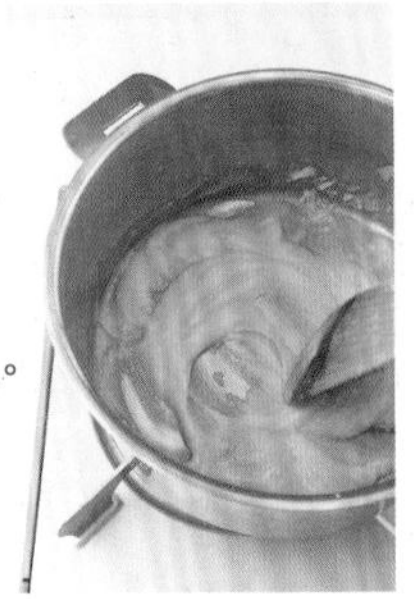

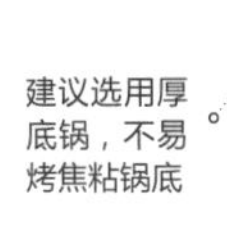

冷却是为了适应牛奶的温度。否则会结块

4. 彻底冷却

锅里粉状物全部消失并变得光滑后从火上移下，将锅底浸入盛水的方盘冷却。

5. 混合牛奶

将牛奶一次性加进步骤 4 的食材中，坐较强的中火并充分混拌，煮沸后调至微火，再用木铲搅拌混合 5 分钟。变黏稠后熄火，混合进盐、胡椒。

6. 混合后用烤箱烘烤

在步骤 2 的平底炒锅内加入松伞蘑、通心粉，用步骤 5 的 ¾ 量凉拌，盛入奶汁盘。浇淋上剩余的步骤 5 中的食材，撒上奶酪粉、面包糠，用预热到 200℃的烤箱烘烤 10 分钟。端出撒上荷兰芹。

土豆肉末炸饼

土豆满满的热乎乎的炸肉饼。少量肉馅儿就能引发好味道

食谱提示

本菜品与美式奶油蛤蜊浓汤等汤菜非常般配。土豆肉末炸饼中动物性蛋白质偏少，蛤蜊浓汤里的蛤蜊可加以补充。搭配上胡萝卜沙拉等简单的沙拉也不错。

材料 / 2 人份

牛肉猪肉混合肉馅儿　80g
洋葱（切碎末）¼ 个量
土豆　2 个
盐　¼ 小匙
胡椒・肉豆蔻　各少量
小麦粉・搅开的蛋液・面包糠
　各适量
番茄（切串形）4 块
嫩叶　适量
黄油　10g
煎炸用油　适量
调味汁
　番茄酱　3 大匙
　伍斯特沙司　1 大匙

1. 翻炒肉馅儿

加热平底炒锅融化黄油，加入洋葱翻炒。炒透明后加入混合肉馅儿，翻炒到肉馅儿变色，撒上盐、胡椒、肉豆蔻。

4. 加入肉馅儿

土豆移至碗中，加入步骤 1 中的食材混合。

2. 水煮土豆

土豆乱切成 2cm 大的不规则块状，入锅加足量的水煮 10 分钟左右。撇掉汤水，坐火并摇转锅体烘干水分。

5. 挂糊

将步骤 4 中的食材等分捏成椭圆形，依次蘸上小麦粉、搅开的蛋液、面包糠。

3. 用木铲捣碎土豆

趁热将土豆在锅内用木铲粗粗捣碎。

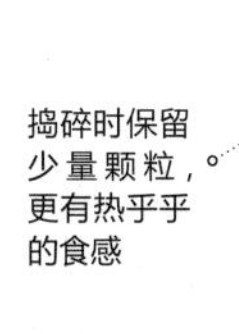

炸成黄褐色前不要翻转

6. 煎炸土豆肉末饼

油入煎炸专用平底铁锅加至 3cm 深，加热到 170℃。加入步骤 5 中的食材，油炸 3 分钟左右。将土豆肉末炸饼盛入餐器，调味汁混合浇淋其上，配上番茄、嫩叶。

卷心菜肉卷

煮得透透的卷心菜柔嫩得几乎用筷子就能切开

材料／2人份

A | 牛肉猪肉混合肉馅儿　200g
洋葱（切碎末）¼个量
鸡蛋　半个
肉豆蔻・盐・胡椒　各少量

培根（切成一半宽）2片量
蒜（切碎末）1块量
番茄浇汁（市面售品）半杯
西餐汤　1½杯
黄油　1大匙
盐・胡椒　各少量

1. 卷心菜叶用热水白焯。白焯完后，一片一片地置于沥水盆内冷却。
2. 将调料A入碗充分搅拌混合分成4等份，捏成椭圆形。
3. 将4等分的步骤2中的食材置于一片卷心菜叶上，折起身前侧菜叶包住步骤2中的食材，折叠左右卷起（a）。再卷上培根，卷完后用牙签固定。其余的也同样操作。
4. 黄油入锅用中火加热翻炒蒜末，将步骤3中的食材摆放入锅。加入西餐汤、番茄浇汁混拌，用稍弱的中火煮炖30分钟。用盐、胡椒调味。取下牙签将卷心菜肉卷盛入餐器，浇淋上煮汁。

准备一口较大的锅，白焯时注意菜叶不要破损

卷上培根味道更浓

法国炖菜

源于法国南部的蔬菜料理，凝缩了番茄、茄子等蔬菜的好味道

材料 / 2 人份

彩椒（红）⅓ 个
番茄　半个
绿皮西葫芦　⅔ 根
茄子　1 根
西芹　半根
洋葱　半个
蒜　1 块
番茄浇汁（市面售品）半杯
砂糖　1½ 小匙
橄榄油　2 大匙
盐　半小匙
胡椒　少量
细叶芹　少量

1. 彩椒、番茄切成稍大的一口大小。绿皮西葫芦切圆片。茄子切成半月形。西芹切成 3cm 长的薄片。洋葱、蒜切碎末。
2. 橄榄油入平底炒锅，用中火加热，翻炒洋葱、蒜末。变软后加入彩椒、绿皮西葫芦、茄子、西芹等翻炒 5 分钟左右。
3. 加入番茄、番茄浇汁、砂糖，用微火烹煮 15 分钟左右。用盐、胡椒调味。盛入餐器，点缀上细叶芹。

番茄焖煮鸡

用番茄浇汁煮透鸡腿肉的意大利家庭料理

西餐

材料 / 2 人份

鸡腿肉　200g
绿皮西葫芦　¼ 根
彩椒（黄）半个
蒜　1 块
红辣椒　半根
白葡萄酒　2 大匙
番茄浇汁（市面售品）¼ 杯
西餐汤　半杯
迷迭香　1 根
橄榄油　1 大匙
盐・胡椒　各适量
小麦粉　1 大匙

1. 鸡肉切成稍大的不规则块状。撒上少量盐和胡椒，撒满小麦粉抖落掉多余的粉末。绿皮西葫芦切成 6 等份的圆片。彩椒纵向 6 等分。
2. 橄榄油入平底炒锅，用旺火加热后加入鸡肉，煎烤到黄褐色。加入蒜、红辣椒。
3. 注入白葡萄酒再炒，加入绿皮西葫芦、彩椒、番茄浇汁、西餐汤、迷迭香，用中火烹煮 10 分钟左右。用少量盐和胡椒调味。

普罗旺斯风情青花鱼

蒜与橄榄油一起炒，加番茄浇汁轻煮

材料 / 2 人份

青花鱼（鱼肉块） 2 块
蒜 1 块
红辣椒 半根
青橄榄 6 个
盐 适量
小麦粉 2 大匙
橄榄油 2 大匙
番茄浇汁（市面售品） ¼ 杯
白葡萄酒 1 大匙
胡椒 少量
百里香（有的话） 适量

1. 青花鱼对半切开，两面撒上 1 小匙盐，放置 10 分钟后水洗，拭净水分。鱼肉上撒满小麦粉，抖落掉多余的粉末。蒜切成薄片。红辣椒斜切去种。橄榄去核细切。
2. 橄榄油入平底炒锅，用稍弱的中火加热，加入青花鱼将两面煎烤焦脆。
3. 加入蒜、红辣椒、橄榄翻炒 2~3 分钟。注入番茄浇汁、白葡萄酒烹煮 5~6 分钟，用少量盐、胡椒调味。盛入餐器，点缀上百里香。

法式黄油烤三文鱼

薄薄地撒满粉，烤得焦焦脆脆，最后加黄油

材料 / 2 人份

三文鱼（鱼肉块） 2 块
盐 ⅔ 小匙
胡椒 少量
小麦粉 2 大匙
色拉油 1 大匙
黄油 1½ 大匙
菜花（切分成小块） 适量
沙拉菜 适量
柠檬（圆切片） 2 片
意大利芹（有的话） 适量

1. 生鲑鱼两面撒上盐、胡椒，撒满小麦粉抖落掉多余的粉末。
2. 色拉油入平底炒锅，用中火加热，加入鲑鱼两面煎烤，用厨纸吸除鲑鱼上溢出的油脂。
3. 加入黄油，美观烧烤着色。
4. 盛入餐器，配上加盐白焯过的菜花与沙拉菜、割入切口拧转过的柠檬，点缀上意大利芹。

炸鱿鱼圈

选用硬质粗粒小麦粉，炸出焦脆口感

材料 / 2 人份

鱿鱼　1 只
硬质粗粒小麦粉　3 大匙
奶酪粉　1 大匙
盐・胡椒　各少量
小麦粉　2 大匙
煎炸用油　适量
柠檬（切串形）1 块
罗勒（有的话）少量
番茄酱　适量

作为意大利面食类原料黏度很高的强力粉。没有的话可用食品搅拌器细细研碎面包糠使用

1. 去除鱿鱼躯干与足腕连接部分，将内脏整体掏出。拔除躯干内软骨，剥皮切成 1cm 宽的圆圈。撒上盐、胡椒。
2. 用 1 大匙水溶解小麦粉。
3. 将步骤 2 中的食材、硬质粗粒小麦粉与奶酪粉的混合物依次撒满、涂抹到鱿鱼上。将煎炸用油加热到 170℃，煎炸 2 分钟左右。盛入餐器，点缀上柠檬、罗勒，按个人喜好配上番茄酱。

芥子辣酱油嫩煎猪排

配上芥末粒或生奶油等丰富的调味汁大快朵颐

材料 / 2 人份

猪肩里脊肉　2 片
青芦笋　1 根
松伞蘑　2 个
盐・胡椒　各适量
小麦粉　1 大匙
黄油　适量
白葡萄酒　2 大匙
生奶油　¼ 杯
芥末粒　⅔ 大匙

1. 猪肉筋切，撒上少量盐和胡椒，撒满小麦粉抖落掉多余的粉末。青芦笋斜切成 4 等份。松伞蘑纵向切成 4 块。
2. 将 1 小匙黄油入平底炒锅，用中火加热，翻炒芦笋与松伞蘑，撒上少许盐、胡椒出锅。
3. 快速拭净平底炒锅，补进半大匙黄油，用中火加热，加入猪肉两面煎烤加热。取出盛入餐器。
4. 将白葡萄酒、生奶油、芥末粒加入步骤 3 的平底炒锅，与剩余的肉汁混合，用中火加热 1 分钟，浇淋到步骤 3 的食材上。盛入餐器，点缀上步骤 2 中的食材。

奶油炖鸡

材料 / 2 人份

鸡腿肉　200g
小洋葱　4 个
胡萝卜　¼ 根
菜豆　2 根
松伞蘑　4 个
西餐汤　1½ 杯
牛奶　1 杯
月桂叶　1 片
生奶油　2 大匙
黄油　适量
小麦粉　适量
盐・胡椒　各适量

1. 胡萝卜切成 5cm 长的长方块。菜豆切成 5cm 长。松伞蘑纵向对半切开。鸡肉切成一口大小，撒上少量盐、胡椒，撒满小麦粉抖落掉多余粉末。
2. 将 1 小匙黄油入平底炒锅加热，加入鸡肉用旺火翻炒。炒上色后取出。
3. 在同一平底炒锅内加入 1 小匙黄油，用中火翻炒小洋葱、胡萝卜、松伞蘑。撒进 1½ 大匙小麦粉，再用微火翻炒 5 分钟，使整体入味均匀，注意不要炒焦。
4. 加入西餐汤、牛奶、月桂叶调至旺火，煮沸后调至微火，加入菜豆、步骤 2 中的食材，烹煮 10 分钟左右。炖好后加入生奶油，用少量盐和胡椒调味。

生鲜鲈鱼片

材料 / 2 人份

鲈鱼（生鱼片用）80g
洋葱　⅛ 个
紫色结球菊苣　2 片
芝麻菜　少量
盐・胡椒　各少量
A｜蛋黄酱　1 大匙
　｜橄榄油　⅔ 大匙
　｜柠檬汁　半小匙
　｜盐　¼ 小匙
　｜胡椒　少量
万能葱（切小片）适量
红甜椒（切碎末）适量

1. 鲈鱼切薄片，摆放进餐器，撒上盐、胡椒。
2. 洋葱切成极细的丝，快速浸水漂洗后控净水分。紫色结球菊苣撕成方便食用的大小。
3. 将步骤 2 中的食材盛入步骤 1 的餐器的中央，配上芝麻菜。均匀撒上万能葱与红甜椒使整体色彩斑斓。
4. 混合 A 调味汁。将厨纸折成裱花袋模样，注入调味汁剪切掉顶端，细细地挤到步骤 3 的食材上。

俄式奶油牛柳丝

牛肉煎烤后暂且取出是确保最终口感柔嫩的诀窍

材料 / 2 人份

牛腿肉薄切片　180g
洋葱　半个
松伞蘑　6 个
半冰沙司（市面售品）半杯
白葡萄酒　2 大匙
生奶油　3 大匙
柠檬汁　1 小匙
酸奶（有的话用酸奶油）1 大匙
盐・胡椒　各适量
彩椒粉　2 小匙
黄油　适量
荷兰芹（切碎末）适量
温热的米饭　适量

1. 牛肉切成一口大小，撒上少量盐和胡椒，撒满彩椒粉。洋葱、松伞蘑切成薄片。
2. 将半大匙黄油入平底炒锅加热，用旺火快速煎烤牛肉后取出。
3. 在同一平底炒锅内加入半大匙黄油加热，用中火翻炒洋葱、松伞蘑。
4. 将半冰沙司、白葡萄酒、生奶油加入步骤 3 中的食材，牛肉回锅。快速烹煮加入柠檬汁，用少量盐和胡椒调味。
5. 将米饭盛入餐器，浇淋上步骤 4 中的食材，再浇淋上酸奶，撒上荷兰芹。

炸虾

脆脆的挂糊与甜甜的虾仁相得益彰。配上鞑靼沙司食用更佳

材料 / 2 人份

虾（带皮）6 只
A　蛋黄酱　2 大匙
　　煮鸡蛋（切碎末）半个
　　泡菜（切碎末）10g
盐・胡椒　各少量
小麦粉・搅开的蛋液・面包糠　各适量
煎炸用油　适量
球生菜　适量
球形小水萝卜（有的话做装饰）2 个

1. 预先混合调料 A 做鞑靼沙司备用。虾剥皮保留虾尾与最后一节，去除背肠。在侧腹割入 4~5 处切口。
2. 拭净虾上水分，撒上盐、胡椒，按小麦粉、搅开的蛋液、面包糠的顺序依次挂糊。
3. 将煎炸用油加热到 170℃，加入步骤 2 中的食材炸焦脆。将撕碎的球生菜、小水萝卜一起盛入餐器，配上鞑靼沙司。

材料 / 2 人份

鸡大胸肉　120g
洋葱　¼ 个
青椒　1 个
鸡蛋　3 个
米饭　2 饭碗
A　番茄酱　4 大匙
　盐　⅓ 小匙
　胡椒　少量
黄油　1 大匙
色拉油　适量
番茄酱　适量
荷兰芹　适量

1. 鸡肉、洋葱、青椒分别切成 1cm 见方的方块。
2. 黄油入平底炒锅加热，用中火翻炒步骤 1 中的食材。鸡肉熟透后掰分开，加入米饭，翻炒到米粒松散，加入调料 A 混炒后出锅。
3. 按照 1 人份分别烹制。将半大匙色拉油入平底炒锅加热，注入半量搅开的蛋液，用菜箸大幅度均匀搅拌，半熟时熄火。将半量步骤 2 中的食材置于中央，将鸡蛋从上下两面包裹米饭似的做出蛋包饭。
4. 将蛋包饭翻转过来盛入餐器，用厨纸整形。浇淋上番茄酱，配上荷兰芹。用同样方法做另 1 人份。

材料 / 2 人份

米　200ml
牛肝菌（干燥）6g
洋葱　¼ 个
橄榄油　1 大匙
西餐汤　2 杯
黄油　1 大匙
奶酪粉（有的话用帕尔玛奶酪）1 大匙
盐　¼ 小匙
胡椒　少量

1. 牛肝菌浸入半杯水中泡发 10 分钟，切成 1cm 见方（预留出泡发汁备用）。米只需快速淘洗一次置于沥水盆内。洋葱切碎末。
2. 橄榄油入锅用中火加热，翻炒洋葱，变软后加入米翻炒 3 分钟，加入牛肝菌。
3. 将步骤 1 的泡发汁与西餐汤混合出 2 杯，注入 ⅔ 量，用微火烹煮。将汤水分 2~3 次补加煮炖 20~25 分钟左右，煮到米粒稍留有芯的硬度（有嚼头）。
4. 从火上移下锅，将黄油与奶酪粉混合入锅，用盐、胡椒调味。

美式奶油蛤蜊浓汤

发祥于美国东海岸的浓汤，蛤蜊与蔬菜的美味相互交融

材料 / 2 人份

蛤蜊（带皮・吐净沙） 200g
培根　1 片
土豆　¼ 个
洋葱　¼ 个
胡萝卜　⅓ 根
白葡萄酒　1 大匙
牛奶　2 杯
黄油　15g
小麦粉　1 大匙
盐・胡椒　各少量
荷兰芹（切碎末） 适量
咸饼干　适量

1. 蛤蜊皮对皮充分搓洗干净，入锅加入白葡萄酒与半杯水。盖上锅盖坐旺火，蒸煮 3~4 分钟直到蛤蜊开口。煮汁用沥水盆过滤预留备用。
2. 培根切成 2cm 见方。土豆、洋葱、胡萝卜切成 2cm 见方的薄片。
3. 用另一只锅加热黄油，加入步骤 2 中的食材用中火翻炒。整体变软后撒入小麦粉再炒。一点点加进牛奶，步骤 1 的煮汁全量加入，用微火烹煮 10 分钟左右。
4. 加入蛤蜊，用盐、胡椒调味。盛入餐器，用手掐碎荷兰芹与咸饼干撒上。

浓稠蔬菜汤

源自意大利的加面食浓汤。食材满满胃肠暖暖

材料 / 2 人份

培根　2 片
卷心菜叶　大 2 片
洋葱　¼ 个
胡萝卜　⅓ 根
西芹　¼ 根
土豆　半个
蒜　1 块
极细长意面　20g
水煮番茄（罐头） 60g
西餐汤　2 杯
黄油　10g
盐　⅓ 小匙
胡椒　少量
奶酪粉　适量

1. 培根、卷心菜切成 1cm 见方。洋葱、胡萝卜、西芹、土豆切成 1cm 见方的方块。蒜切碎末。
2. 黄油入锅加热，用中火将步骤 1 中的食材翻炒 10 分钟左右，炒到变软。
3. 加入水煮番茄、西餐汤，用微火烹煮 15 分钟左右。加入折短的极细意面，烹煮 3 分钟左右，用盐、胡椒调味。盛入餐器，撒上奶酪粉。

意大利肉酱面

用番茄浇汁慢慢煮透肉馅儿与洋葱的人气意面

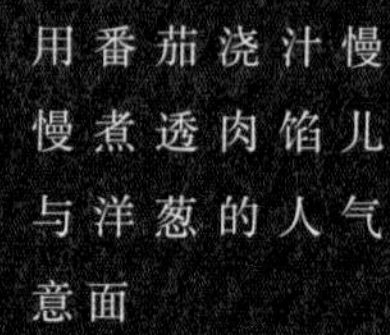

材料 / 2 人份

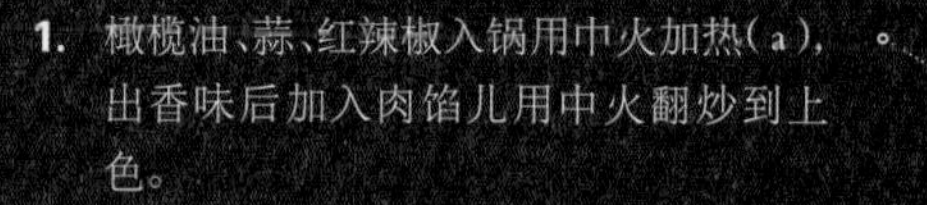

意大利实心面（直径 1.6mm） 180g
牛肉馅儿 200g
蒜（切碎末） 半块
红辣椒（圆切片） 半根
洋葱（切碎末） 半个
红葡萄酒 45ml
番茄浇汁（市面售品） 120g
西餐汤 1½ 杯
奶酪粉 1 大匙
橄榄油 2 大匙
小麦粉 2 大匙
盐 · 胡椒 各少量

1. 橄榄油、蒜、红辣椒入锅用中火加热（a），出香味后加入肉馅儿用中火翻炒到上色。
2. 加入洋葱翻炒到变软，撒进小麦粉充分混炒均匀。
3. 加入红葡萄酒、番茄浇汁、西餐汤（b），用稍弱的中火煮炖 30 分钟左右。用盐、胡椒调味。
4. 用另一只锅将热水烧开加盐（2L 水配 1 大匙盐 · 不包含在本菜品调料用量内），加入意大利实心面，按包装袋上指定的时间烹煮，置于沥水盆内控水后盛入餐器。
5. 将步骤 3 的肉酱浇淋到步骤 4 中的食材上，撒上奶酪粉。将块状的帕尔玛干奶酪刮片使用，口味香味更独特。

蒜、红辣椒与橄榄油同时入锅，用微火慢慢翻炒引发出香味

a b

烟花女意大利面

突出了橄榄与凤尾鱼好味道的番茄浇汁意面

材料／ 2 人份

意大利实心面（直径 1.4mm） 180g
黑橄榄（去核） 10 个
蒜（切碎末） 1 块量
红辣椒（切碎末） 半根
凤尾鱼（鳍） 2 片
水煮番茄（罐头） 100g
橄榄油 1½ 大匙
白葡萄酒 2 大匙
盐・胡椒 各少量
意大利芹 适量

1. 橄榄切圆片。橄榄油、蒜、红辣椒入平底炒锅，用微火翻炒 4~5 分钟。
2. 出香味后，翻炒橄榄、凤尾鱼。加入水煮番茄、白葡萄酒，用中火煮 4~5 分钟，加盐、胡椒调味。
3. 热水入锅烧开加盐（2L 热水配 1 大匙盐・不包含在本菜品调料用量内），加入意大利实心面，比包装袋上指定的时间少煮 1 分钟，置于沥水盆内。
4. 将步骤 3 中的食材马上加入步骤 2 的平底炒锅内凉拌，盛入餐器。撒上意大利芹。

烤面条加奶酪沙司

鸡蛋与生奶油、奶酪不加热只需凉拌。请尽情享受这浓郁的口味

材料／ 2 人份

意大利实心面（直径 1.6mm） 180g
培根（切成 1.5cm 宽） 30g
A｜鸡蛋 1 个
｜蛋黄 1 个量
｜生奶油 3 大匙
｜奶酪粉 1 大匙
｜盐・粗磨黑胡椒 各少量
奶酪粉 1 大匙
橄榄油 1 大匙
粗磨黑胡椒 少量

1. 橄榄油入平底炒锅加热，加入培根，用稍弱的中火煎炒到焦脆。
2. 将调料 A 入碗混合备用。
3. 热水入锅烧开加盐（2L 水配 1 大匙盐・不包含在本菜品调料用量内），加入意大利实心面，按包装袋上指定的时间烹煮，置于沥水盆内。
4. 即刻将步骤 3 中的食材移至步骤 1 的食材内熄火，加入调料 A 快速凉拌。盛入餐器，撒上奶酪粉、黑胡椒。

材料 / 2 人份

意大利实心面（直径 1.6mm） 180g
蛤蜊（带皮・吐净沙） 250g
蒜（切碎末） 1 块量
红辣椒（去种） 半根
橄榄油　1 大匙
白葡萄酒　¼ 杯
盐・胡椒　各少量

1. 橄榄油、蒜、红辣椒入锅，用微火翻炒到出香味，加入蛤蜊用中火快速混炒。
2. 加入白葡萄酒与 ¼ 杯水，盖上锅盖蒸煮。煮 3 分钟左右，蛤蜊开口后熄火。
3. 用另一只锅烧开热水加盐（2L 热水配 1 大匙盐・不包含在本菜品调料用量内），加入意大利实心面，比包装袋上指定的时间少煮 2 分钟，置于沥水盆内。
4. 将步骤 3 中的食材马上加入步骤 2 的锅内，加热 2 分钟，用盐和胡椒调味。

材料 / 2 人份

扁面条　180g
梭子蟹　1 只
蒜（切碎末） 1 块量
红辣椒（切碎末） 半根
番茄浇汁（市面售品） 半杯
西餐汤　⅓ 杯
橄榄油　1 大匙
白葡萄酒　2 大匙
盐・胡椒　各少量

1. 梭子蟹切成稍大的不规则块状。
2. 橄榄油、蒜、红辣椒入锅，用微火翻炒到出香味，加入梭子蟹、白葡萄酒用中火翻炒加热。
3. 加入番茄浇汁、西餐汤烹煮 3 分钟左右熬干，用盐、胡椒调味。
4. 用另一只锅烧开热水加盐（2L 热水配 1 大匙盐・不包含在本菜品调料用量内），加入扁面条，比包装袋上指定的时间少煮 2 分钟，置于沥水盆内。
5. 将步骤 4 中的食材马上加入步骤 3 的锅内坐中火 2 分钟左右后凉拌。

热那亚蔬菜汤配意面

罗勒加进茼蒿搅成酱状，味道浓郁得让人上瘾

材料 / 2 人份

意大利实心面（直径 1.6mm） 180g
罗勒　10g
茼蒿　40g
松子　15g
蒜　半块
生奶油　2 大匙
橄榄油　2 大匙
奶酪粉　半大匙
盐・黑胡椒　各少量

1. 用平底炒锅干炒松子。加盐白焯茼蒿 3 分钟左右，切成粗末。
2. 用食品搅拌器将罗勒、茼蒿、松子、蒜搅拌成酱状。一点点加入生奶油与橄榄油进一步搅拌。移入碗内，加奶酪粉、盐、胡椒混合搅拌。
3. 热水入锅烧开加盐（2L 热水配 1 大匙盐・不包含在本菜品调料用量内），加入意大利实心面，按包装袋上指定的时间烹煮，置于沥水盆内。
4. 将步骤 3 中食材马上加入步骤 2 的碗内凉拌。盛入餐器，配上少量罗勒（不包含在本菜品调料用量内）。

樵风斜切通心粉

选用 2 种以上的蘑菇，品味浓郁口味的香汤

材料 / 2 人份

斜切通心粉　180g
松伞蘑　4 个
从生口蘑　半袋
生火腿　30g
蒜（切碎末） 1 块量
红辣椒（切碎末） 半根
番茄浇汁（市面售品） 半杯
生奶油　2 大匙
橄榄油　2 大匙
盐・胡椒　各少量
荷兰芹（切碎末） 少量

选用 2 种以上的蘑菇，合计 120g

1. 松伞蘑切碎末。从生口蘑去除根部切碎末。生火腿切粗末。
2. 橄榄油、蒜、红辣椒、步骤 1 中的食材入平底炒锅，用微火翻炒到出香味，加入番茄浇汁、生奶油烹煮 3 分钟左右熬干，用盐、胡椒调味。
3. 热水入锅烧开加盐（2L 热水配 1 大匙盐・不包含在本菜品调料用量内），加入斜切通心粉，按包装袋上指定的时间烹煮，置于沥水盆内。
4. 将步骤 3 中的食材马上加入步骤 2 的平底炒锅内凉拌。盛入餐器，撒上荷兰芹。

意大利焗面

能饱餐白汁沙司与肉酱两种口味的奢华意面。用烤箱烤得焦香

因易粘锅底，要边搅拌边烹煮

材料 / 20×15cm 的方盘 1 盘量

宽面 4片
奶酪粉 1大匙
橄榄油 2小匙
色拉油 适量
肉酱
- 牛肉馅儿 100g
- A 洋葱（切碎末）¼ 个量
- 蒜（切碎末）1 块量
- 红葡萄酒 ¼ 杯
- 番茄浇汁（市面售品）半杯
- 西餐汤 1杯
- 橄榄油 2小匙
- 小麦粉 2小匙

白汁沙司
- 小麦粉・黄油 各 40g
- 牛奶 2¼ 杯
- 盐・胡椒 各 ⅓ 小匙

1. 做肉酱。橄榄油入锅加热，用中火翻炒调料 A 与肉馅儿。撒入小麦粉翻炒到上色。加入红葡萄酒、番茄浇汁、西餐汤，用中火烹煮 20 分钟。
2. 做白汁沙司。黄油入另一只锅坐微火，加入小麦粉翻炒 5 分钟左右，炒到没有粉状物。将锅底浸于盛入水的方盘中冷却。加入牛奶坐稍强的中火，边加热边搅拌，煮沸后调至微火搅拌到呈黏糊状，用盐、胡椒调味。
3. 用另一只锅烧开热水加盐（2L 热水配 1 大匙盐・不包含在本菜品调料用量内）与橄榄油，加入宽面，按包装袋上指定的时间烹煮（a），置于沥水盆内。
4. 在奶汁烤菜盘内涂抹上色拉油，按以下顺序依次重叠浇淋上白汁沙司、宽面、肉酱、宽面、白汁沙司、宽面、肉酱、宽面、白汁沙司（b），撒上奶酪粉。用预热到 220℃的烤箱烘烤 13 分钟

西餐

那不勒斯意面

意大利面番茄酱配香肠，令人难忘

材料 / 2 人份

意大利实心面（直径 1.6mm） 180g
香肠 6 根
松伞蘑 4 个
洋葱 ¼ 个
青椒 1 个
黄油 1 大匙
番茄酱 4 大匙
伍斯特沙司 ⅔ 大匙
奶酪粉 1 大匙
盐 少量
胡椒 适量

1. 热水入锅烧开加盐（2L 热水配 1 大匙盐，不包含在本菜品调料用量内），加入意大利实心面，比包装袋上指定的时间少煮 2 分钟，置于沥水盆内。
2. 香肠斜切成 1cm 宽。松伞蘑切成 3mm 宽。洋葱与青椒切成 7~8mm 宽。
3. 黄油入平底炒锅加热，用中火翻炒香肠、松伞蘑、洋葱、青椒。
4. 将意大利实心面加入步骤 3 中的食材，注入番茄酱、伍斯特沙司翻炒 2~3 分钟使其蘸裹到面条上，用盐、胡椒调味。盛入餐器，撒上少量胡椒、奶酪粉。

冷烹意大利细面

炎热季节的爽心冰镇意面。选用极细长意面

材料 / 2 人份

极细长意面（直径 0.9mm） 160g
番茄 1 个
金枪鱼罐头 50g
A | 蒜（切碎末） 1 块量
没经过调味的番茄酱 1 大匙
蜂蜜 半大匙
醋 1 大匙
橄榄油 1½ 大匙
盐 ¼ 小匙
胡椒 少量
盐・胡椒 各少量
罗勒叶 6 片

1. 番茄切成 2cm 见方的方块。
2. 将番茄、稍稍控净罐头汁的金枪鱼、调料 A 入碗混合后轻轻混拌，置于冰箱内冷却。
3. 热水入锅烧开加盐（2L 热水配 1 大匙盐・不包含在本菜品调料用量内），加入极细长意面，按包装袋上指定的时间烹煮，置于沥水盆内。
4. 将步骤 3 中的食材马上浸入加冰凉水中漂洗，彻底控净水分。加入步骤 2 的碗内凉拌，用盐、胡椒调味。盛入餐器，点缀上罗勒叶。

白焯蔬菜沙拉

色彩鲜亮的温热蔬菜清爽不油腻

1. 彩椒（红·黄）各半个，芜菁1个，绿皮西葫芦半根分别切成一口大小，加1小匙盐用热水白焯3分钟置于沥水盆内。将1块蒜用菜刀拍碎。
2. 将1片月桂叶、1根红辣椒、2大匙橄榄油、1大匙醋入碗充分混合，用少量盐和胡椒调味。
3. 将温热的步骤1的食材与蒜用步骤2的调料凉拌。

胡萝卜沙拉

胡萝卜里加进葡萄干的甘甜

1. 将1根胡萝卜切细丝，20g葡萄干快速水洗后控净水。
2. 将3大匙色拉油、1½大匙醋、1小匙砂糖、少量盐·胡椒充分混合，凉拌步骤1的食材。放置片刻均匀入味后食用。

甜泡菜

方便保存，可稍稍多做

1. 将¼棵菜花切分成小块。将1根黄瓜、2个红甜椒切成3~4cm长的长方块。
2. 将水·醋各半杯、1大匙砂糖、半小匙盐、2小匙香辛料入锅煮沸，将1腌浸入内。马上食用也无妨，移入密闭容器置于冰箱内保存，约2周时间内可随时享用。

沃尔多夫沙拉

苹果的甘甜与核桃的嚼头最具魅力

1. 将3片卷心菜叶切丝，撒上少量盐放置片刻，变软后水洗，挤净水分。将5cm长的西芹切成5mm见方的方块，将 ⅛ 个苹果带皮切成3mm厚。将10g核桃切粗末。食材全部入碗。
2. 在步骤1的碗内加入3大匙蛋黄酱凉拌，用少量盐和胡椒调味。
3. 在餐器内铺上适量紫叶生菜，将步骤2的食材盛入餐器，适量撒上荷兰芹碎末。

番茄菜杯

番茄做菜杯，好吃又可爱！

1. 将2个中等番茄于热水中翻转浸烫10秒钟剥皮。切去番茄蒂周边，用勺子剜掉种与瓤。
2. 将 ⅛ 个洋葱、2片卷心菜叶分别切得极细，用少量盐揉搓，彻底挤净水分入碗。
3. 将80g金枪鱼罐头汁稍稍控净，加进步骤2的食材内揉搓开，加入1大匙橄榄油、⅓ 大匙柠檬汁、各 ⅓ 小匙砂糖·盐、少量胡椒混拌。
4. 将步骤3的食材塞入步骤1的番茄杯内，与为方便食用对半切开的球生菜一起盛入餐器。

尼斯风味沙拉

加进了金枪鱼与煮鸡蛋的尼斯风味沙拉

1. 将5cm西芹细切成5mm宽。将⅛棵菜花用加入少量盐的热水白焯3分钟切分成小块。将¼个番茄切成稍窄的串形。将1个煮鸡蛋切成6等份的串形。
2. 在餐器内铺上适量沙拉菜，盛上步骤1的食材与6个青橄榄、切成3等份的2片凤尾鱼，中央配上稍稍控净罐头汁的攉碎的60g金枪鱼罐头。
3. 将2½大匙橄榄油、1大匙醋、半小匙芥末粒、少量盐·胡椒充分混合搅拌。
4. 将步骤3的调味汁浇淋到步骤2的食材上。

土豆沙拉

用蛋黄酱简单凉拌

1. 将2个土豆切成3mm厚，白焯后置于沥水盆内。将¼根胡萝卜（30g）与半根黄瓜切薄片，撒上少量盐，变软后水洗控净水分。
2. 将3大匙蛋黄酱与少量盐·胡椒入碗混合，加入步骤1的食材凉拌。

香蒜凤尾鱼蘸酱沙拉

乳化调味汁，绝妙的味道

1. 将半个彩椒（红）与1根黄瓜切成方便食用大小，将6片菊苣与4片紫色结球菊苣一起盛入餐器。
2. 将2大匙橄榄油、10g蒜（擦泥）、5g凤尾鱼酱、1½大匙生奶油、少量盐和胡椒入小锅坐微火，用小型起泡器混合搅拌使其乳化做调味汁。
3. 趁热将调味汁盛入餐器，用步骤1的食材蘸着食用。

恺撒沙拉

蒜做隐味

1. 热水入小锅烧开，轻轻打开1个鸡蛋，用筷子归拢蛋清使其包住蛋黄，用中火煮4~5分钟，做成荷包蛋。
2. 将半棵长叶生菜撕成5cm大盛入餐器，配上荷包蛋、2大匙油煎面包块（市面售品）、10片帕尔玛奶酪（薄切片）。
3. 将1小匙蒜（切碎末）、半大匙柠檬汁、2大匙橄榄油、5g凤尾鱼酱入碗，用小型起泡器混合搅拌使其乳化。用少量盐和胡椒调味，浇淋到步骤2的食材上。

鱼子沙拉

配上长面包，也能做小吃！

1. 将1个土豆白焯柔软后置于沥水盆内。入碗，加入40g鳕鱼子（剥去薄皮）、橄榄油·蛋黄酱各1大匙、1小匙柠檬汁充分混合，用少量盐·胡椒调味。
2. 将步骤1的食材的¼量分别涂抹到4片长面包薄切片上，装饰上适量雪维菜。

烤猪肉

豪华的正餐主菜却是只需烤箱烘烤的菜品，简单得出人意料

材料 / 4 人份

猪肩里脊肉块 500g
土豆 2 个
蒜 1 块
迷迭香 2 根
百里香 4 根
盐 20g
粗磨黑胡椒 少量

具有独特的芳香，与肉类菜品最为般配。推荐选用香气怡人的鲜的枝叶，没有的话干的亦可

1. 土豆带皮对半切开。蒜切成薄片。迷迭香切成约 3cm 长。百里香切碎末。
2. 将盐用手揉搓进猪肉，撒上胡椒。猪肉表面覆上蒜、迷迭香、百里香，放置 1 小时。
3. 用中火加热平底炒锅，加入猪肉，表面整体煎烤上色。
4. 在烤箱烤盘上铺放厨纸，将猪肉、土豆置于其上。
5. 用预热到 200℃的烤箱烘烤 30 分钟。

预先将稍多量的盐用手揉搓进猪肉

材料 / 4 人份

米 2合
鸡腿肉 160g
虾（带皮）5只
蛤蜊（带皮·吐净沙）5个
番茄（中等大小）1个
青椒 半个
洋葱 半个
蒜 1块
西餐汤 360ml
藏红花 少量
盐·胡椒 各适量
橄榄油 适量

目的是洗掉米里的污物，快速淘洗一次就够

1. 在西餐汤内加入藏红花，使其色香俱佳。
2. 仅将米快速淘洗一次后置于沥水盆内。鸡肉筋切后切成一口大小的不规则块状，撒上少量盐·胡椒。虾去背肠，撒上少量盐·胡椒。番茄切成8等份的串形。青椒纵向切成8等份。洋葱、蒜切碎末。
3. 将2大匙橄榄油入肉菜饭锅（没有的话用平底炒锅），用中火加热翻炒洋葱、蒜，加入鸡肉、虾煎烤到呈黄褐色后取出。
4. 补加1大匙橄榄油，加入米用中火翻炒。变透明后加入步骤1中的食材，撒上⅓小匙盐、少量胡椒混拌。
5. 将步骤4中的食材从火上移下，呈放射状摆放上鸡肉、虾、蛤蜊、番茄、青椒，用铝箔做盖子盖严实，再次坐火，用中火加热5分钟、用微火加热20分钟。

西班牙肉菜饭

西班牙料理定例菜品。用肉菜饭锅可整锅端上桌

土豆圆饼

用上足量土豆的西班牙风味菜肉蛋卷。能配啤酒也能配红葡萄酒

材料 / 4人份

鸡蛋 6个
土豆 1½个
培根 2片
洋葱 ¼个
色拉油 适量
盐 ⅓小匙
胡椒 少量
番茄蛋黄酱
　蛋黄酱·番茄酱 各1½大匙
荷兰芹（有的话） 适量

1. 土豆用切片机切成1mm厚。培根切成长方块。洋葱切成薄片。
2. 将3大匙色拉油入平底炒锅，坐中微火加热，将步骤1的食材翻炒到变软。
3. 将鸡蛋打散进碗里搅开，加入2混合，撒进盐、胡椒混拌。
4. 将2大匙色拉油入直径18cm的平底炒锅用中火加热，将步骤3的食材一次性全部加入。用菜箸整体均匀混合搅拌一次后直接煎烤4分钟左右。
5. 煎烤上色后，将盘子盖到平底炒锅上，翻转平底炒锅将圆饼倒扣移至盘内。从盘里再滑移回平底炒锅，将反面同样煎烤上色。盛入餐器，点缀上荷兰芹。混合蛋黄酱与番茄酱浇淋其上。

与鸡蛋混合前，预先翻炒食材过火加热

从盘里使圆饼滑移回平底炒锅

炖牛肉

充分煮炖将牛肉的好味道炖进汤汁。蔬菜单独水煮

材料 / 2 人份

牛腩肉块　300g
洋葱　⅓ 个
西芹　4cm
蒜　1 块
A｜红葡萄酒　¾ 杯
　｜西餐汤　2 杯
　｜半冰沙司（市面售品）　100g
　｜浓缩番茄酱　1 大匙
小洋葱　4 个
土豆　1 个
胡萝卜　⅓ 根
小麦粉　36g
盐・胡椒　各适量
黄油　15g
荷兰芹（有的话）　适量

1. 牛肉切成方便食用的大小，撒上少量盐和胡椒，撒满小麦粉。洋葱、西芹、蒜切粗末。
2. 黄油入锅，用中火加热，加入牛肉，整体煎烤上色。加入洋葱、西芹、蒜混炒。
3. 加入调料 A，煮沸后调至中火煮炖 1 小时左右，炖到牛肉变软。
4. 土豆切成 4 等份，浸水漂洗。胡萝卜纵向切成 4 等份。小洋葱、土豆、胡萝卜水煮到变软。
5. 将步骤 4 中的食材加入步骤 3 中的食材内混拌，用少量盐和胡椒调味。盛入餐器，点缀上荷兰芹。

意式薄切牛肉

意大利式烤牛排。满满地撒上帕尔玛奶酪

材料 / 2 人份

牛里脊肉块　180~200g
芝麻菜　4 棵
帕尔玛奶酪（块状）　适量
盐・胡椒　各适量
橄榄油　适量
黑葡萄醋　少量

1. 将 ⅓ 小匙盐、少量胡椒用手揉搓进牛肉。
2. 将 1 大匙橄榄油入平底炒锅，坐旺火加热，将牛肉的两面煎烤四分钟左右。
3. 取出牛肉，静置 10 分钟左右后从一端起切成方便食用的大小盛入餐器，撒上少量盐和胡椒。点缀上芝麻菜，撒上削薄的帕尔玛奶酪片。浇淋上少量橄榄油与黑葡萄醋。

肉馅儿糕

将食材搅拌出黏性后用烤箱烘烤。烘烤期间制作调味汁

材料 / 20×10×8cm 的吐司盒 1 盒量

牛肉猪肉混合肉馅儿 400g
洋葱（切碎末）半个
牛奶 半杯
面包糠 50g
冷冻混合蔬菜 80g
A | 鸡蛋 1个
　| 盐 半小匙
　| 胡椒・肉豆蔻 各少量
黄油 适量
青芦笋（加盐白焯）适量
调味汁材料
　| 半冰沙司（市面售品）3 大匙
　| 番茄浇汁（市面售品）2 大匙

1. 将 2 小匙黄油入平底炒锅加热，翻炒洋葱到变软。面包糠浸入牛奶中备用。冷冻混合蔬菜没入热水中 1 分钟取出控水。
2. 将混合肉馅儿与步骤 1 的食材、调料 A 入碗，用手充分搅拌到搅出黏性。
3. 在吐司盒内侧涂上少量黄油，加入步骤 2 的食材塞紧压实，使中央部位凹陷。用预热到 180℃的烤箱烘烤 30 分钟。用竹签扎进去，肉汁变澄清则火候已到。
4. 调味汁材料入平底炒锅用中火加热，加入 2 小匙黄油后熄火。
5. 切成方便食用大小盛入餐器，浇淋上步骤 4 的调味汁。配上切成 4~5cm 长的芦笋。

边压实边紧紧塞进四个角落

香草芝士面包糠烤鸡

撒上面包糠烤得焦焦脆脆。装饰成青蛙模样妙趣横生

材料 / 2 人份

鸡腿肉　200g
盐・胡椒　各少量
芥末粒　15g
A｜面包糠　4 大匙
　｜荷兰芹（切碎末）半大匙
　｜蒜（切碎末）1 小块量
　｜奶酪粉　1 大匙
　｜盐・胡椒　各少量
色拉油　⅔ 大匙
夹心橄榄（圆切片）4 片
迷你球形小水萝卜（有的话）适量

1. 用菜刀均匀等厚度地豁开鸡肉，切成 2 等份，撒上盐、胡椒。色拉油入平底炒锅用中火加热，将鸡肉煎烤到两面呈黄褐色。
2. 取出鸡肉，在带皮面涂上芥末粒，盛上混合后的调料 A。用预热到 200℃的烤箱烘烤 10 分钟。
3. 盛入餐器，用橄榄装饰成青蛙的眼睛。点缀上迷你球形小水萝卜。

烤三文鱼派

用冷冻派坯子，烹制派料理也轻而易举。推荐易熟的三文鱼

材料 / 2 人份

三文鱼（鱼肉块）2 块
A｜从生口蘑　50g
　｜洋葱　25g
　｜胡萝卜　20g
冷冻派坯子（15×10cm）4 张
盐　⅓ 小匙
百里香・胡椒　各适量
黄油　10g
蛋黄　少量

1. 在生鲑鱼上撒满盐、胡椒、百里香。将食材 A 的蔬菜切成 5cm 长的丝。黄油入平底炒锅用中火加热，将食材 A 翻炒到变软。
2. 将拭净水分的各半量的鲑鱼与蔬菜盛放到 1 张派坯子上，将蛋黄涂到坯子边缘，将另 1 张派坯子覆于其上，黏合在一起。
3. 将步骤 2 中的食材用刀子等工具切成鱼形，刻上鱼鳞、鱼鳍、鱼尾等纹路，用余下的派坯子点睛。另一个也同样操作。将蛋黄涂到整体表面上，用预热到 220℃的烤箱烘烤 15 分钟。

洛林乳蛋饼

法国洛林地区的乡土料理。可尽享培根、奶酪的浓郁风味

材料 / 直径 16cm 的蛋饼模 1 个量

鸡蛋　2 个
蛋黄　1 个量
牛奶　半杯
生奶油　¾ 杯
培根（切成 1cm 宽）40g
古老也奶酪（切丝）30g
盐　⅓ 小匙
胡椒・肉豆蔻　各少量
冷冻派坯子（直径 22cm）1 张

1. 将冷冻派坯子铺放到蛋糕模内侧，因烘烤时边缘部分会收缩，要高出 5mm 左右，置于冰箱内“醒”1 小时左右。
2. 取出后在蛋饼模上压上派专用镇石，用预热到 200℃的烤箱烘烤 10 分钟。
3. 用中火加热平底炒锅，不加油煎烤培根。
4. 打散鸡蛋，搅开蛋黄，牛奶、生奶油入碗混合过滤。加入盐、胡椒、肉豆蔻混拌。
5. 将培根、奶酪均匀加入步骤 2 的食材中，注入步骤 4 的蛋液。用预热到 170℃的烤箱烘烤 15~20 分钟。

酒煮烤鱼贝

鱼贝煎烤后再煮的意大利料理。水瓜柳风味突出

材料 / 4 人份

春告鱼　1 条
蛤蜊（带皮・吐净沙）300g
迷你番茄　12 个
蒜（薄切片）1 块量
水瓜柳　12 个
黑橄榄　6 个
盐・胡椒　各少量
小麦粉　2 大匙
橄榄油　3 大匙
A ｜白葡萄酒　60ml
　｜水　1 杯
意大利芹　适量

1. 将蛤蜊皮对皮充分搓洗干净。迷你番茄纵向对半切开。
2. 去除春告鱼的鱼鳞与内脏，水洗后拭净水分。撒上盐、胡椒，薄薄地撒满一层小麦粉。
3. 橄榄油入锅（或平底炒锅），用中火加热，将春告鱼煎烤到两面浅浅上色。再加入蒜、迷你番茄、水瓜柳、橄榄煎烤。
4. 将调料 A 加入步骤 3 的食材中煮沸，调至中火，加入蛤蜊煮到开口。撒上意大利芹。

鱼贝类的预处理 ②

在日餐、西餐、中餐中广泛使用的虾与鱿鱼。快来学会身边常用食材的预处理方法吧！

虾

去除背肠

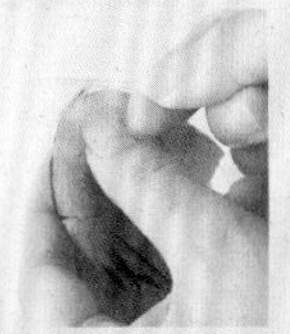

剥皮，用竹签等去除背肠。需带皮烹制时，可从侧面插入竹签去除背肠。第2~3节方便操作。

鱿鱼

分离头部与躯干

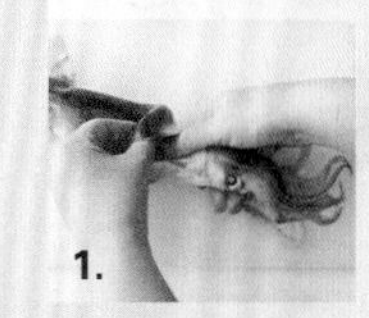

手指插入鱿鱼躯干，剥下头部与躯干连接部分。掀开躯干，拽出头部。

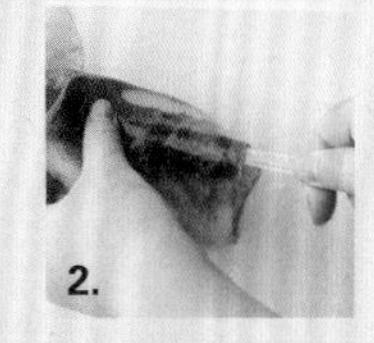

拔出留在躯干内的软骨。

切分

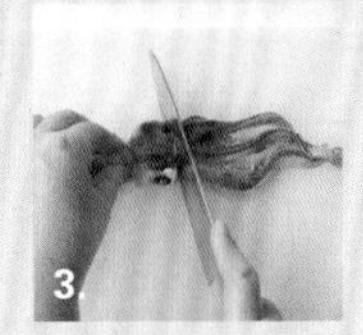

切分鱼目与足腕之间的部分。去除位于足腕之间的口。

剥躯干皮

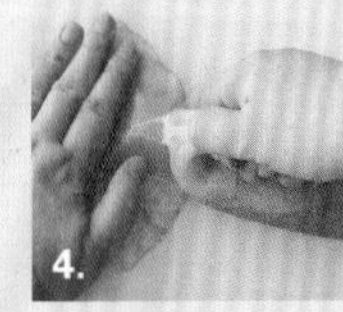

按住鱿鱼鳍，用手揭下躯干顶端。顺势将鳍从躯干上剥离，剥下鱿鱼皮。

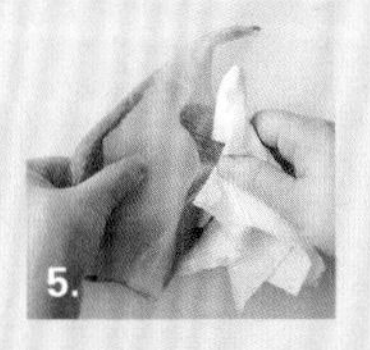

将残留在躯干上的皮用厨纸等捏住剥下。

躯干切圆圈

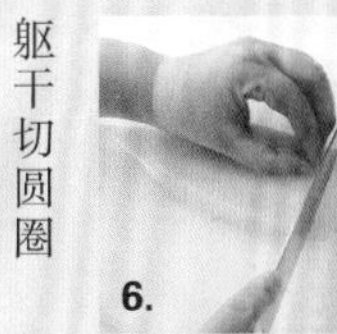

下面的薄皮也剥下，切掉躯干顶端。切成方便食用宽度的圆圈。

汤汁、汤的提取

奠定日餐、西餐、中餐口味的汤汁与汤的提取方法。3种汤都由水烹煮而成。

日餐汤汁

便于家庭使用的极为简单的汤汁提取方法

材料 / 提取后约 2½ 杯

海带（15cm×5cm）1片（10g）
鲣节 15g
水 2½ 杯（500ml）

将所有材料入锅坐火。用中微火烹煮3分钟。

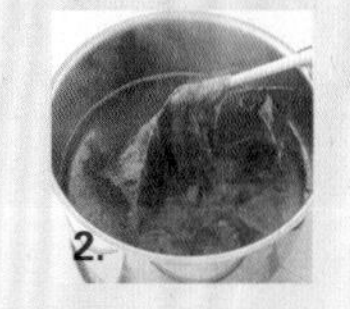

沸腾后，快速混拌一次，调至微火再煮3分钟。

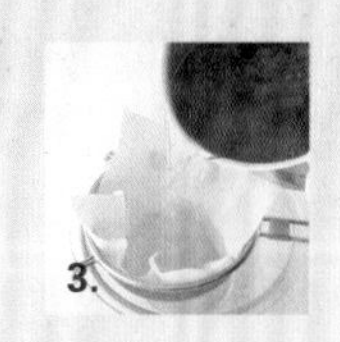

用铺放了较厚厨纸的沥水盆过滤进碗内。

西餐汤

重视月桂叶等香料的香味。用量不多时，可用固态或颗粒汤素代替

材料 / 提取后约 10 杯

鸡骨架 1只量
胡萝卜・洋葱带皮部分 各50g
月桂叶 1片
水 2L（10杯）

将所有材料入锅坐火。

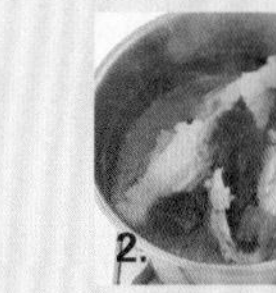

沸腾后调至微火烹煮30分钟，其间不断撇出浮沫。取出鸡骨架、胡萝卜、洋葱、月桂叶。

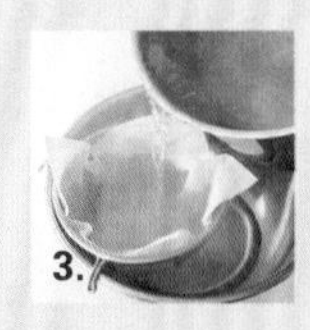

用铺放了较厚厨纸的沥水盆过滤进碗内。

中餐汤

使用鸡骨架，当即显现正宗口味。用量不多时，可用颗粒鸡骨汤素代用

材料 / 提取后约 10 杯

鸡骨架 1只量
葱（葱青部分）1根量
姜的带皮部分 30g
水 2L（10杯）

将所有材料入锅坐火。

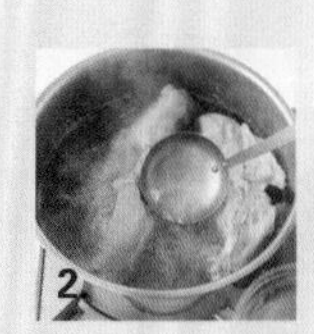

沸腾后调至微火烹煮30分钟，其间不断撇出浮沫。取出鸡骨架、葱、姜。

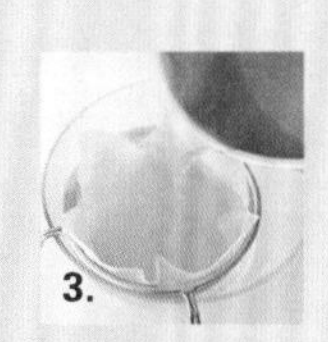

用铺放了较厚厨纸的沥水盆过滤进碗内。

◎汤的保存

（所有汤汁、汤共通）注入密闭容器置于冰箱内可保存2天。冷冻保存时，按每次用量分成小份，以2周左右全部用完为基准。

中餐

中国料理配米饭对味，又能吃上足量蔬菜。特喜欢中国料理的我现精选几例菜品发布，以在料理教室也颇受欢迎的品类为主。都是市面上销售的混合调料调配不出来的正宗口味。不过，因为要照顾到便于普通家庭单靠一柄平底炒锅又是炒又是煮的需求，登场的几乎都是能轻松烹制的美味佳肴。煎饺、回锅肉、油淋鸡等百食不厌的口味自不必说，也要特别注意一下中餐里豪华的宴客菜品。叉烧肉、锅巴浇汁等难摸门道的料理也会细细讲明。

中餐最佳五例

煎饺

白菜、葱、韭菜，菜量满满。煎得焦香的饺子皮就让人垂涎欲滴

食谱提示

推荐海蜇配黄瓜等中式沙拉或豆芽菜沙拉。酸味鲜明突出的清淡的副菜最相宜。

材料 / 2~3 人份

饺子皮　20 个
白菜叶　1 片
葱　5cm
韭菜　半把（60g）
蒜　1 块
猪肉馅儿　100g

A　砂糖・水・淀粉・芝麻油・酱油　各⅔大匙
　　盐・胡椒　各少量

芝麻油　适量
辣油・醋・酱油　各适量

白菜预先白焯，煎烤时不会出水

1. 调馅儿

白菜用热水加盐白焯，切碎末。葱、韭菜、蒜切碎末。将白菜、葱、韭菜、蒜、猪肉馅儿、调料 A 入碗混合，用手充分搅拌到呈黏稠状态。

带上如图所示颜色后，即可开始蒸煎

4. 煎烤饺子

将 1 小匙芝麻油入平底炒锅加热，饺子摆放入锅，用中火煎烤。煎烤到饺子皮着色即可。

2. 饺子皮蘸水

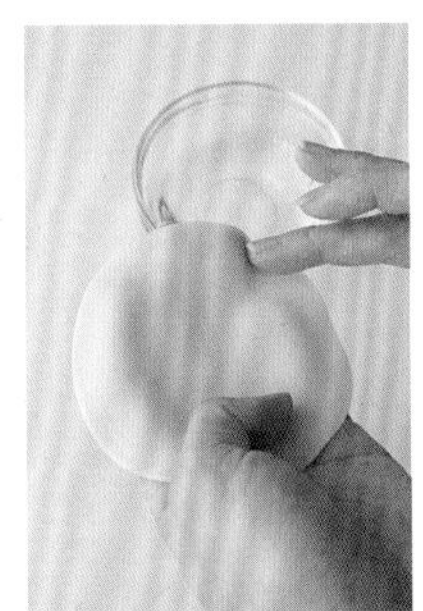

将 1 个饺子皮置于左手，用手指蘸水涂到饺子皮边缘。

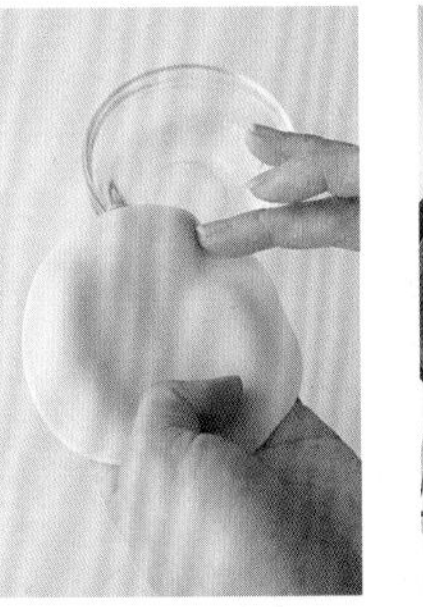

5. 蒸煎饺子

均匀注入锅内半杯水，盖上锅盖用中火蒸煎 8 分钟。为不粘锅底，要不时摇动平底炒锅，确认饺子没被粘住不动。

3. 包馅儿

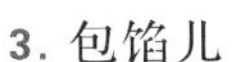

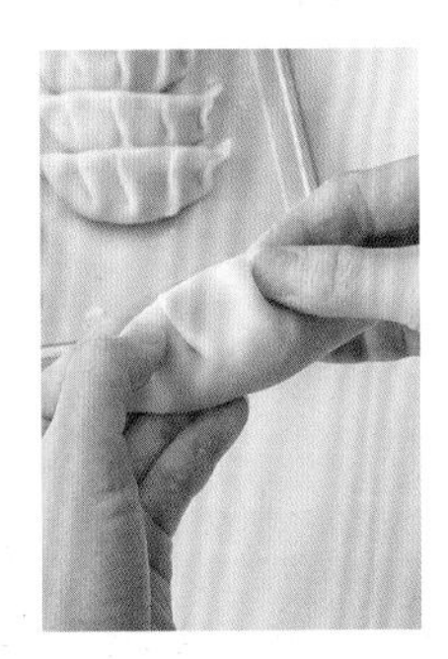

将馅儿料置于饺子皮中央，在皮上捏褶包紧。其余的也同样操作。

6. 注入芝麻油

水分蒸干后移下锅盖，均匀注入 1 小匙芝麻油，用中微火将饺子底煎烤到焦脆。盛入餐器，配上混合后的辣油、醋、酱油。

将盘子覆盖到平底炒锅上，连同盘子整体倒扣过来盛放

回锅肉

猪肉的油脂与味噌蘸裹到卷心菜上，可谓最合米饭口味的中餐

食谱提示

配上口味清淡的凉拌蔬菜类。让葱、姜、蒜等香味蔬菜协同调味。加上碗中式鸡蛋汤也不错。

材料 / 2 人份

猪腹肉（五花肉薄切片） 150g
卷心菜 250g
甜椒（红・绿） 各 1 个
葱・姜・蒜（切碎末） 各少量
色拉油 适量
甜面酱 1½ 大匙
豆瓣酱 1½ 小匙

A | 酒・酱油・砂糖 各 ⅔ 大匙
  | 胡椒 少量

水溶淀粉 | 淀粉 1½ 小匙
         | 水 1 大匙

小麦粉为原料的中国味噌，也可用八丁味噌代替

蒸过的蚕豆发酵后加入辣椒做成的食品

将食材的大小切分得整齐划一，菜品从外观上看也上档次

1. 切分食材

猪肉切成一口大小。卷心菜、甜椒切成 4cm 大的不规则块状。

2. 煎烤猪肉

将 1 小匙色拉油入平底炒锅加热，展开猪肉片摆放入锅，用中火快速煎炒后取出。

因猪肉会变硬，煎炒后姑且出锅，稍后再回锅

3. 混炒蔬菜

接着将 1 小匙色拉油、葱、姜、蒜入平底炒锅，用微火翻炒，出香味后加入卷心菜、甜椒调至旺火，快速混炒。

在香味蔬菜出香味前用微火翻炒

4. 加入调料

加入甜面酱与豆瓣酱混炒。

5. 加入水溶淀粉

加入猪肉快速混拌，加入调料 A 翻炒。在小餐器内混拌水溶淀粉，均匀注入锅内，整体充分混合调得黏黏稠稠。

从铁制的平底炒锅或中式炒锅中冒着烟状热气出锅，味道绝对专业水准！

麻婆豆腐

刺激性的辛辣与滑溜溜的豆腐相得益彰。是中国料理的代表性菜品

食谱提示

请配上蔬菜类副菜食用。与凉拌西芹或卷心菜、洋葱、胡萝卜沙拉、中式甜醋腌萝卜、中式酱菜、泡菜等搭配都很对味。

材料 / 2 人份

绢豆腐　1 块（300g）
猪肉馅儿　80g
色拉油　半大匙
豆瓣酱　1½ 小匙
甜面酱　1 大匙
A | 豆豉（切碎末）·酱油·酒　各 ⅔ 大匙
　| 味淋　半大匙

中餐汤　1 杯
水溶淀粉 | 淀粉　⅔ 大匙
　　　　 | 水　1 大匙
葱（切碎末）5cm 量
花椒　少量

花椒粒的果皮。特点是麻辣

中餐

1. 豆腐控水

豆腐置于沥水盆内，放置 15 分钟左右控水。

4. 将豆腐加入煮汁

加入中餐汤、调料 A 混合，煮沸后加入豆腐煮炖 5 分钟左右。

2. 切豆腐

豆腐切成一半厚，再切成 1.5cm 见方的方块。

5. 加入水溶淀粉

在小餐器内混拌水溶淀粉，入锅，整体充分均匀混合调得黏黏稠稠。盛入餐器，撒上葱、花椒。

因为水溶淀粉马上会沉淀，即将入锅前要再次搅拌。沸腾时一点点混拌入内，确认黏稠情况

3. 煎炒肉馅儿

色拉油入平底炒锅，用中火加热，加入肉馅，儿不分解开用菜铲按压着煎烤。煎烤上色后再用菜铲切分开翻炒。加入豆瓣酱、甜面酱混炒。

开始时一边用力压实一边煎烤。这样就不必在意肉的异味了

棒棒鸡

用锅将鸡肉慢慢
炖得柔嫩多汁。
浇淋上芝麻汤底
的棒棒鸡调味汁

食谱提示

因为主菜是冷菜，所以需要一道热汤调剂平衡。中式玉米奶油汤、中式鸡蛋汤等口味稍稍浓郁的汤最相宜。

材料 / 2 人份

鸡腿肉　150g
葱（葱青部分）1 根量
姜皮　少量
黄瓜　1 根
葱（切碎末）5cm 量
姜（切碎末）1 块量

A　芝麻酱・酱油
　　各 1½ 大匙
　砂糖　⅔ 大匙
　醋　2 小匙
　辣油　1 小匙
球形小水萝卜（薄切片）适量

炒白芝麻做汤底。可用白芝麻酱代替

煮好后不出锅直接在煮汁中静置冷却，可保持口感柔嫩

1. 煮鸡肉

将鸡肉、葱（葱青部分）、姜皮、足量水入锅坐旺火。煮沸后调至微火，烹煮 10 分钟左右。在煮汁中静置冷却。

2. 切鸡肉

取出鸡肉，细切成 5mm 厚。

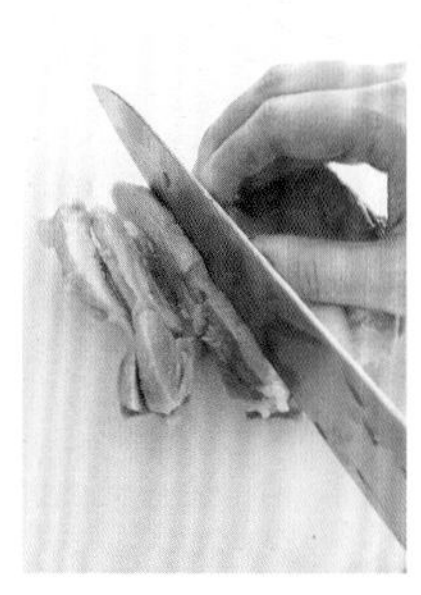

3. 切黄瓜

黄瓜斜切成 3mm 厚的细长片，5~6 片重叠起来切成 3mm 厚的丝。

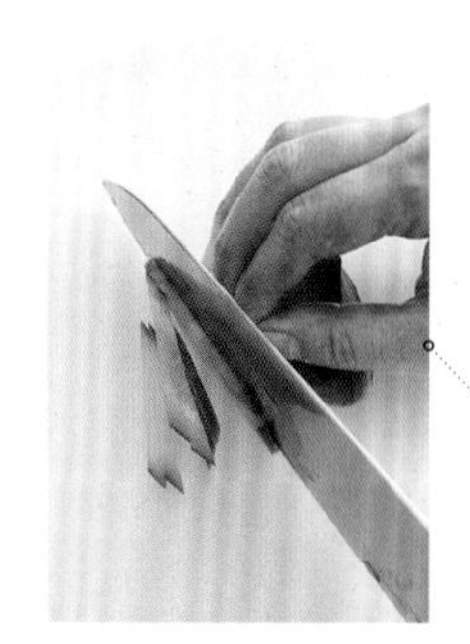

这样可使绿色黄瓜皮统一在两端

4. 混合调味汁

将调料 A 混合入碗，加入葱、姜混拌。

5. 浇淋调味汁

将鸡肉、黄瓜盛入餐器，浇淋上步骤 4 的调味汁，配上水萝卜片。

智利辣酱油炒虾仁

享用虾味之美的人气菜品。蘸裹上汇集甜与辣的调味汁

食谱提示

用中餐汤速烹冰箱里存的白菜或青椒、胡萝卜等搭配本菜品。或者配上用少量猪肉轻炒的菜品都很好吃。

材料 / 2 人份

虾（带皮）14 只

A
- 淀粉　2 小匙
- 盐　⅓ 小匙
- 鸡蛋　半个

葱（切碎末）5cm 量

姜（切碎末）1 块量

B
- 番茄酱　1 大匙
- 酱油・酒　各 ⅔ 大匙
- 豆瓣酱・砂糖　各 2 小匙
- 盐　⅓ 小匙
- 胡椒　少量
- 淀粉　2 小匙
- 水　半大匙

色拉油　1 大匙

虾皮上也出好味道，所以带皮炒虾

1. 在虾上割入切口

虾留皮去足。在背上割入切口，取出背肠。

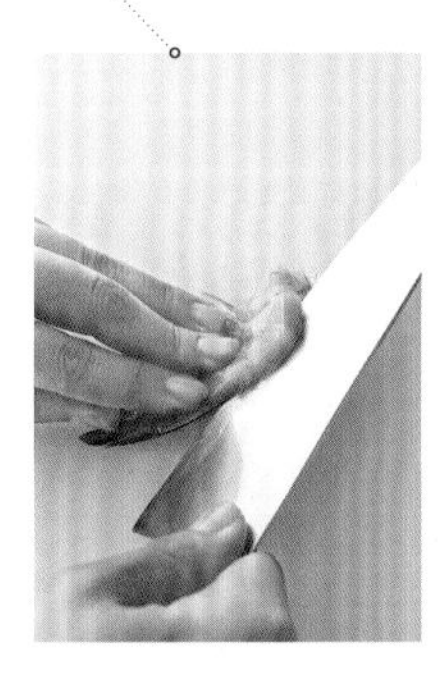

2. 蘸裹蛋液

将调料 A 入碗充分混合。掰开虾背，蘸裹调料 A 入碗。

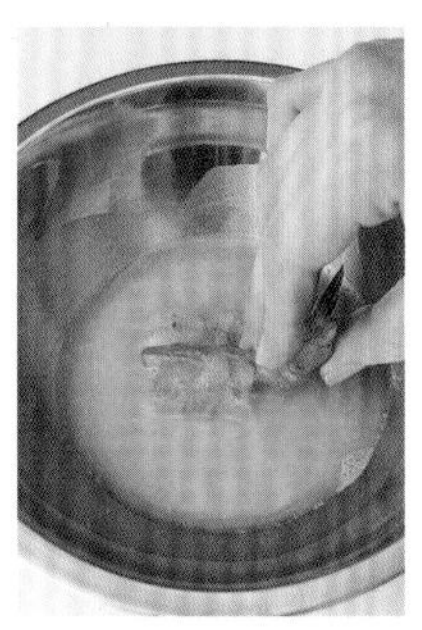

3. 揉进蛋液

将虾全部加入后，用手揉进调料 A。特别要将淀粉充分涂抹均匀，不留块结。

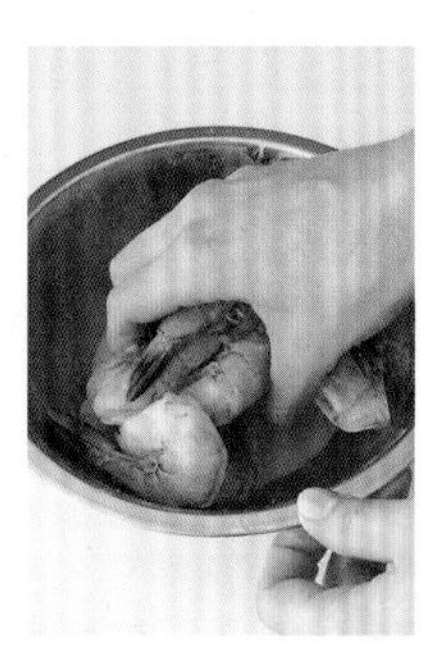

带皮炒虾时，虾身不会卷缩，也算一大好处

4. 炒虾

将调料 B 在另一只碗中预先混合备用。色拉油入平底炒锅加热，用旺火炒虾。

5. 蘸裹上调味汁

虾变色熟透后，加入调料 B 蘸裹到虾身上。盛入餐器，撒上葱、姜。

掰开虾背，按压着煎炒

材料 / 2 人份

猪里脊肉厚切块 200g
干香菇 2 个
洋葱 ¼ 个
青椒 1 个
菠萝（罐头·圆切片）1 片
胡萝卜 ⅓ 根
A 酱油 1 小匙
 盐·胡椒 各少量
淀粉 1 小匙
色拉油 适量
B 酱油·醋·砂糖·
 番茄酱·淀粉
 各 1 大匙
 中餐汤 半杯

1. 干香菇浸水泡发，去茎切成一口大小。洋葱、青椒、菠萝切成一口大小。胡萝卜乱切成一口大小的不规则块状，入水白焯 7 分钟左右置于沥水盆内。
2. 猪肉切成 3cm × 1cm，用手将调料 A 揉搓进猪肉，撒满淀粉。
3. 将 1 大匙色拉油入平底炒锅，用旺火加热，加入猪肉翻炒到两面上色（a）后取出。
4. 将 1 大匙色拉油入同一平底炒锅，用旺火加热，加入香菇、洋葱、青椒、胡萝卜翻炒 3 分钟左右（b），将菠萝与步骤 3 的猪肉回锅，加入调料 B。煮沸后马上熄火调得黏黏稠稠。

油炸太费工夫，只需用稍多的油翻炒就十分够味

洋葱、青椒等要保留清脆的口感，注意不要炒过头

酸甜咕噜肉

猪肉上撒满淀粉，煎烤得香香脆脆，用酸甜浇汁蘸裹

中式炒猪肉蛤蜊

蛤蜊汁液与猪肉搭配，炒出一道风味浓郁的大菜

油淋鸡

炸得焦脆的鸡肉蘸着配有足量葱姜等香味蔬菜的调味汁吃

中餐

材料 / 2 人份

猪腹肉（五花肉薄切片） 100g
蛤蜊（带皮・吐净沙） 200g
红甜椒 半个
蒜苔 80g
蒜・姜（切碎末） 各 1 块
盐・胡椒 各少量
A | 酒 ⅔ 大匙
　| 酱油・蚝油 各半大匙
　| 砂糖・胡椒 各少量
色拉油 2 小匙

1. 猪肉切成一口大小，撒上盐、胡椒。蛤蜊皮对皮充分搓洗干净。红甜椒切成稍小的一口大小。蒜苔切成 3~4cm 长，用热水白焯 20 秒，置于沥水盆内。预先混合调料 A 备用。
2. 色拉油入锅用旺火加热，翻炒到猪肉变色。加入蛤蜊快速混炒。
3. 依次加入蒜、姜、蒜苔、红甜椒翻炒，加入调料 A 混拌。调至中火盖上锅盖，蒸煮到蛤蜊开口。

材料 / 2 人份

鸡腿肉 250g
A | 酱油・搅开的蛋液・淀粉 各 ⅔ 大匙
B | 酱油・醋・砂糖 各 2 大匙
　| 蚝油 1 小匙
　| 姜（切碎末） 1 块量
　| 葱（切碎末） 半根
　| 蒜（切碎末） 半块
　| 西芹（切碎末） 1 大匙
　| 盐・胡椒 各少量
淀粉 适量
煎炸用油 适量

1. 鸡肉切成稍大的一口大小，入碗加入调料 A，用手充分揉搓后静置 15 分钟。将调料 B 预先混合加入碗等容器内备用。
2. 将煎炸用油加热到 175℃，在步骤 1 的鸡肉上撒满淀粉，入锅煎炸到焦脆。
3. 炸好后马上浸入调料 B，连调味汁一起盛入餐器。

焖煮栗子鸡

带骨鸡肉与栗子一起炖得热乎乎暄腾腾，香味扑鼻的炖菜一道

材料 / 2人份

带骨鸡肉块　300g
去皮栗子　10个
竹笋（水煮）50g
干香菇　2个
葱·姜（切碎末）各少量
嫩豌豆荚　6个

去皮栗子使用自然解冻的冷冻栗子也无妨

A　甜面酱·酱油　各2小匙
　酒·砂糖　各1大匙
　味淋　1½大匙
　中餐汤　2杯
　盐·胡椒　各少量
色拉油　1大匙

1. 干香菇浸水泡发去茎。竹笋切成稍大的一口大小。调料A预先混合备用。
2. 色拉油入平底炒锅，用旺火加热，翻炒鸡肉。变色后加入葱、姜混炒，再加入竹笋、香菇翻炒。
3. 加调料A煮沸，加入栗子（a）。调至稍弱的中火，盖上落锅盖煮炖30分钟左右。加入嫩豌豆荚混拌，再烹煮2~3分钟。

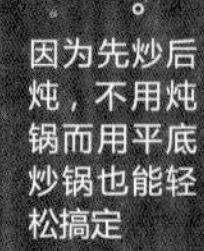
因为先炒后炖，不用炖锅而用平底炒锅也能轻松搞定

a

中式蒸鸡蛋羹

加进虾仁与火腿，柔柔嫩嫩地蒸一大碗

材料 / 2 人份

鸡蛋　2 个
虾　4 只
火腿　2 片
万能葱（切小片）10g
A | 酱油　半小匙
　| 味淋　1 小匙
　| 中餐汤　2 杯
　| 盐・胡椒　各少量

1. 虾剥皮去背肠，去掉虾尾虾足切成 1cm 见方的方块。火腿切粗末。
2. 鸡蛋打散入碗搅开，混合调料 A。用沥水盆过滤注入耐热容器。各加入 ¾ 量的虾仁、火腿、万能葱混拌。
3. 将步骤 2 中的食材放入冒起蒸汽的蒸饭器内，用旺火蒸 4 分钟。然后调至稍弱的中火再蒸 10 分钟。
4. 移去锅盖撒上余下的虾仁、火腿、万能葱，再蒸 1~2 分钟。用竹签扎一扎，浮起清澈的汁液即告完成。

韭菜炒鸡肝

彻底放血后，富含铁元素的鸡肝吃起来一下子变顺溜了

中餐

材料 / 2 人份

鸡肝　150g
韭菜　⅓ 把
竹笋（水煮）40g
胡萝卜　¼ 根（40g）
A | 酒・酱油　各 1 小匙
小麦粉　半大匙
B | 酱油　⅔ 大匙
　| 砂糖・豆瓣酱　各 1 小匙
　| 红辣椒（切小片）半根
　| 盐・胡椒　各少量
色拉油　适量

1. 鸡肝上有脂肪的话要去除，薄切成一口大小，浸水 30 分钟放血。韭菜切成 5cm 长。竹笋细切成 5cm 长，胡萝卜切成 5cm 长的长方块。将调料 B 预先混合备用。
2. 将调料 A 用手揉搓进鸡肝，撒满小麦粉。
3. 将半大匙色拉油入平底炒锅，用中火加热，翻炒鸡肝 4 分钟左右取出。
4. 将同一平底炒锅快速清洗，用旺火加热半大匙色拉油，翻炒竹笋、胡萝卜。变软后将鸡肝回锅，加入韭菜、调料 B 混炒。

材料 / 2 人份

鲈鱼（生鱼片用） 80g
赤车使者 ¼ 把（130g）
胡萝卜 ⅙ 根（15g）
葱（切丝） 10cm 量
馄饨皮 6 个
盐 ⅕ 小匙
芝麻油 少量
煎炸用油 适量
A | 酱油・醋・芝麻油 各半大匙
花生米（切碎末） 1 大匙

1. 鲈鱼切成薄片，撒上盐、芝麻油。赤车使者切成 5cm 长。胡萝卜切成 4cm 长的丝。
2. 馄饨皮切成 1cm 宽。将煎炸用油加热到 170℃，油炸馄饨皮炸到浅浅地上色。
3. 赤车使者、胡萝卜、葱盛入餐器，配上鲈鱼，撒上馄饨皮。混合调料 A 浇淋其上，撒上花生米。

材料 / 2 人份

猪肉馅儿 150g
卷心菜叶 2 片
韭菜 10 根
A | 姜（切碎末） 1 块量（10g）
盐 ¼ 小匙
酱油・味淋 各 1 小匙
B | 酱油・醋 各 1 大匙
辣油 1½ 小匙
饺子皮 | 强力粉 120g
薄力粉 60g
盐 ⅕ 小匙（1g）
水 110ml

1. 做饺子皮。将强力粉、薄力粉与盐入碗混合，加水用手和面揉成团。包进保鲜膜，“醒”面 30 分钟。擀成 20 个等大的圆饺子皮。
2. 用热水白焯卷心菜，与韭菜一起切成粗末。将猪肉馅儿、卷心菜、韭菜、调料 A 入碗用手均匀混拌。分成 20 等份备用。
3. 将步骤 2 的馅儿料盛放到饺子皮上包起，捏紧边缘封口。其余的也同样操作。
4. 热水入锅烧开，将步骤 3 中的食材烹煮 5~6 分钟。盛入餐器，将调料 B 混合做调味汁。

西蓝花蟹肉馅儿

给蒸煮后出了甜味的蔬菜蘸裹上蟹肉馅儿

材料 / 2 人份

西蓝花　半棵
蟹肉（罐头）50g
番茄（已用热水剥皮）¼ 个
蛋清　2 个量
色拉油　1 大匙
A　酒　1 大匙
　盐　⅓ 小匙
　胡椒　少量
　水　⅓ 杯
水溶淀粉　淀粉　半大匙
　　水　1 大匙

1. 西蓝花切分成小块。蟹肉搅开捣碎。番茄去种，切成 1cm 见方的方块。
2. 色拉油入平底炒锅，用旺火加热，翻炒西蓝花 1 分钟左右。加入半杯水，盖上锅盖用旺火蒸煮 1 分钟。盛入餐器摆成圆形。
3. 快速拭净平底炒锅，将调料 A 煮沸，加入蟹肉、番茄。再次煮沸后均匀浇淋进水溶淀粉调得黏黏稠稠。搅开蛋清均匀注入，盛放到步骤 2 的餐器的中央。

中式炒菜

简单的炒菜。加上猪肉与粉丝增添好味道与口感变化

中餐

材料 / 2 人份

韭菜　半把
豆芽　100g
西芹　⅓ 根（30g）
胡萝卜　¼ 根（30g）
青椒　2 个
粉丝（干燥）10g
猪肉薄切片　50g
姜　1 块
A　盐　⅓ 小匙
　砂糖　⅔ 小匙
　酱油　1 小匙
　胡椒　少量
色拉油　适量

1. 韭菜切成 5cm 长。西芹、胡萝卜、青椒、姜、猪肉细切成 5cm 长。豆芽去须根。粉丝用热水白焯 3 分钟置于沥水盆内，切成 5cm 长。调料 A 预先混合备用。
2. 将半大匙色拉油入平底炒锅加热，用旺火翻炒猪肉。
3. 将半大匙色拉油补加进同一平底炒锅，用旺火翻炒蔬菜与粉丝。加入调料 A 快速均匀混拌，熄火。

材料 / 2 人份

春卷皮 6个
猪肉薄切片 80g
韭菜 ¼ 把
胡萝卜 ⅕ 根（30g）
干香菇 2个
粉丝（干燥）15g
A | 酱油 ⅓ 大匙
淀粉 1 小匙
蚝油・酒・砂糖 各 ⅓ 大匙
盐 ⅙ 小匙

色拉油 ⅔ 大匙
水溶小麦粉 | 小麦粉 半大匙
水 2 小匙
煎炸用油 适量
荷兰芹（有的话）适量

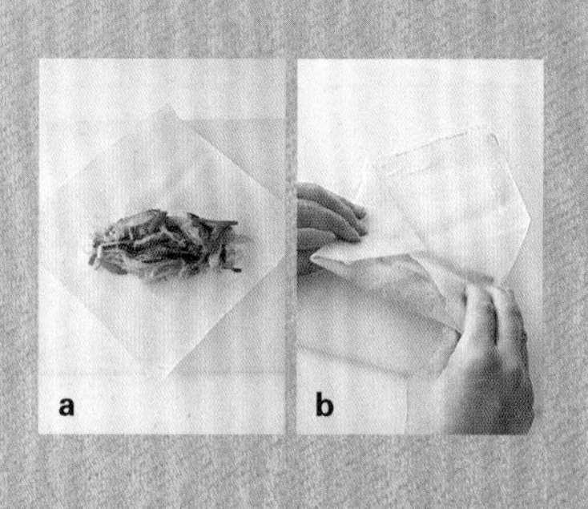

1. 猪肉细切成 3cm 长。韭菜切成 3cm 长。胡萝卜细切成 3cm 长。干香菇浸水泡发去茎，细切成 3cm 长。粉丝用热水白焯 2 分钟置于沥水盆内，切成 3cm 长。调料 A 预先混合备用。
2. 色拉油入平底炒锅，用中火加热，翻炒猪肉、韭菜、胡萝卜、香菇、粉丝，加入调料 A 混拌。取出降温。

使食材入味透彻是炸得好吃的秘诀

3. 将春卷皮呈菱形放置，将 ⅙ 的步骤 2 中的食材横向置于春卷皮上（a）。按身前侧、左右的顺序折叠春卷皮，再翻转包卷（b）。春卷皮边缘涂上水溶小麦粉面糊包紧。其余的也同样操作。

要卷紧，避免空气进入。最后涂上面糊封口

4. 将煎炸用油加热到 170℃，加入步骤 3 中的食材炸到浅浅地上色。盛入餐器，点缀上荷兰芹。

炸春卷

猪肉、粉丝、韭菜等多种食材馅儿料各少量加入的奢华的春卷

青椒牛肉丝

材料 / 2 人份

牛腿肉薄切片　100g
青椒　3 个
红甜椒　1 个
竹笋（水煮）50g
葱　5cm
A｜酱油・酒・淀粉　各半小匙
B｜酒・酱油　各半大匙
　｜蚝油　⅓ 大匙
　｜砂糖・淀粉　各 1 小匙
　｜盐　⅕ 小匙
　｜水　2 大匙
色拉油　1 大匙

1. 牛肉切成 5cm×7mm，将调料 A 揉搓进牛肉。调料 B 预先混合备用。
2. 甜椒、竹笋、葱也切成 5cm×7mm。
3. 色拉油入平底炒锅，用旺火加热，翻炒牛肉。变色后加入步骤 2 中的食材翻炒 2 分钟左右，加入调料 B 均匀混炒。

八宝菜

材料 / 2 人份

鸡肉　60g
鱿鱼躯干（预处理）50g
剥皮虾仁　8 只
竹笋（水煮）60g
胡萝卜　⅓ 根（50g）
油菜　1 棵
鲜香菇（去茎）2 个
煮鹌鹑蛋（市面售品）6 个
A｜盐・胡椒・淀粉
　｜　各少量
B　薄口酱油・姜汁　各 1 小匙
　｜盐　⅓ 小匙
　｜胡椒　少量
　｜中餐汤　1 杯
　｜淀粉　⅔ 大匙
色拉油　适量

1. 鸡肉薄削成一口大小。鱿鱼切成稍大的一口大小，表面割入格子状切口。虾仁去除背肠。将调料 A 撒满到鸡肉、鱿鱼、虾仁上。
2. 竹笋、胡萝卜、油菜、鲜香菇切成稍大的一口大小。调料 B 预先混合备用。
3. 将半大匙色拉油入平底炒锅，用中火加热，将步骤 1 中的食材翻炒 2 分钟左右后取出。
4. 将 ⅔ 大匙色拉油入同一平底炒锅，用旺火加热，翻炒竹笋、胡萝卜、油菜、香菇、鹌鹑蛋。整体过油后将步骤 3 中的食材回锅，加入调料 B 混合搅拌，调得黏黏稠稠。

中式粽子

包进竹笋皮蒸才正宗。口味浓郁的馅儿料与黏黏的糯米最般配

a

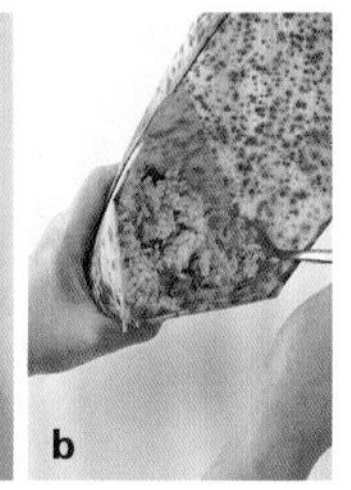

b

材料 / 6 个量

糯米 2合
烤猪肉 100g
干香菇 2个
海米 8g
腰果 15g
姜（切碎末）1块量
葱（切碎末）5cm量
A 酱油 1½ 大匙
酒 1大匙
芝麻油 1小匙
砂糖 半小匙
中餐汤 1½ 杯
色拉油 半大匙
竹笋皮 6片

1. 淘洗糯米浸水 2~3 小时，置于沥水盆内。调料 A 预先混合备用。
2. 烤猪肉切成 1cm 见方的方块。干香菇浸水泡发，去茎切成 1cm 见方的方块。海米也浸水泡发，切成 1cm 见方的方块。腰果切成 1cm 见方的方块。
3. 色拉油入平底炒锅，用旺火加热，翻炒步骤 2 中的食材、姜、葱。熟透后加入调料 A 坐中火，翻炒 4~5 分钟。
4. 加入中餐汤、糯米，用中火烹煮 5 分钟左右直到煮汁煮干。从火上移下降温。
5. 竹笋皮浸水后拭净水分，分别将一端折成三角（a）。在折过 2 次三角形成的空间内加入 ⅙ 量的步骤 4 中的食材（b），将竹笋皮折到最后形成三角，折进端部。其余的也同样操作。
6. 将步骤 5 中的食材摆放进冒出蒸汽的蒸笼或蒸饭器内，用旺火烹蒸 25 分钟。

在将竹笋皮折成三角做出的口袋部分内加入糯米馅儿料包紧

材料 / 2 人份

中式面条　2 团
猪肉馅儿　60g
酱油・砂糖　各半小匙
A　芝麻酱　3 大匙
　酱油・味噌・醋　各 1 大匙
　豆瓣酱　1 小匙
　蒜・姜・葱（切碎末）各 2 小匙
　中餐汤　¾ 杯
色拉油　半大匙
葱（切丝）适量
香菜　适量

1. 将调料 A 充分均匀混拌当作面条汤盛入餐器。
2. 色拉油入平底炒锅加热，翻炒猪肉馅儿，用酱油、砂糖调味。
3. 热水入锅烧开，按指定时间烹煮中式面条后浸于冷水。控净水分盛入步骤 1 的餐器中央。盛上步骤 2 中的食材，点缀上葱、香菜。

材料 / 2 人份

中式面条　2 团
猪肉薄切片　60g
剥皮虾仁　6 只
鱿鱼躯干（预处理）40g
干香菇　2 个
胡萝卜　30g
白菜叶　1 片
嫩豌豆荚　10 个
酒・盐　各少量
A　酱油・砂糖・蚝油
　　各半大匙
　中餐汤　2 杯
　淀粉　2 大匙
色拉油　适量
醋　2 大匙

1. 猪肉切成一口大小。虾去背肠。鱿鱼切成一口大小，割入格子状切口。在猪肉、虾仁、鱿鱼上洒酒撒盐。干香菇浸水泡发，去茎对半切开。胡萝卜、白菜削成薄片。嫩豌豆荚对半切开。调料 A 预先混合备用。
2. 中式面条用热水预煮 20 秒，置于沥水盆内。将 1 大匙色拉油入平底炒锅，用旺火加热，将中式面条炒成脆脆的黄褐色，取出盛入餐器。
3. 将 1 大匙色拉油入同一平底炒锅加热，用旺火快速翻炒步骤 1 中的食材，加入调料 A 调得黏黏稠稠后浇淋到步骤 2 的面条上。均匀浇淋上醋。

材料 / 2 人份

米粉（干） 80g
猪腹肉（五花肉片） 60g
海米 10g
胡萝卜 ¼ 根（40g）
洋葱 半个
竹笋（水煮） 30g
韭菜 ¼ 把
酒・酱油 各少量
A | 酱油・酒 各 ⅔ 大匙
  | 盐 ¼ 小匙
  | 中餐汤 1 杯
  | 胡椒 少量
色拉油 1 大匙
炒白芝麻 适量

1. 米粉按包装袋上说明泡发，置于沥水盆内控水，切成方便食用的大小。
2. 海米浸水泡发，切碎末。猪肉细切成 5cm 长，将酒、酱油揉搓进猪肉。胡萝卜、洋葱、竹笋细切成 5cm 长。韭菜切成 5cm 长。调料 A 预先混合备用。
3. 色拉油入平底炒锅加热，翻炒海米、猪肉、胡萝卜、洋葱、竹笋、韭菜。加入米粉混拌，注入调料 A 使米粉吸足汤料并翻炒到汁液完全炒干。盛入餐器，撒上芝麻。

材料 / 2 人份

木棉豆腐 1 块
猪肉薄切片 70g
干香菇 2 个
甜椒（绿・红） 各 1 个
葱・姜・蒜（切碎末） 各 1 小匙
A | 甜面酱 1½ 小匙
  | 豆瓣酱・酱油 各 1 小匙
  | 砂糖 1 小匙
  | 中餐汤 80ml
  | 淀粉 2 小匙
色拉油 适量

1. 豆腐置于沥水盆内，放置 10 分钟控水，切成 1.5cm 厚、4cm 见方的方块。
2. 猪肉切成一口大小，干香菇浸水泡发切削成一口大小。甜椒切成一口大小。调料 A 预先混合备用。
3. 将 1 大匙色拉油入平底炒锅，用中火加热，将豆腐两面煎烤到黄褐色取出。
4. 将 ⅔ 大匙色拉油入同一平底炒锅加热，翻炒葱、姜、蒜，加入猪肉。猪肉变色后加入香菇、甜椒混炒。将步骤 3 的豆腐回锅，加入调料 A 充分均匀混拌。

什锦炒饭

加进鸡蛋和猪肉的正统炒饭。用旺火炒得粒粒分离

材料 / 2 人份

温热的米饭　2 饭碗
猪腹肉（五花肉薄切片）60g
干香菇　2 个
葱　半根
鸡蛋　2 个
青豌豆（冷冻）20g
盐　适量
A｜酱油　1 小匙
　｜酒　⅔ 小匙
　｜盐　⅓ 小匙
　｜胡椒　少量
色拉油　适量

1. 猪肉切成 2cm 见方，撒上少量盐。干香菇浸水泡发，去茎切成 1cm 见方的方块。葱切成 1cm 见方的方块。鸡蛋打散搅开加入少量盐混拌。青豌豆置于沥水盆内，均匀浇淋上热水。
2. 将 1 小匙色拉油入平底炒锅加热，用菜箸搅拌着做炒鸡蛋，取出。
3. 再加入 1 小匙色拉油用旺火加热，翻炒猪肉、香菇。猪肉变色后，加入调料 A 的半量翻炒，取出。
4. 将 1 大匙色拉油入平底炒锅，用旺火加热，切分开葱，加入米饭和剩余的调料 A 用中火翻炒 3~4 分钟。加入步骤 3 中的食材均匀混拌，再与炒鸡蛋、青豌豆混拌。

酸辣汤

醋与辣油最出味的汤。食材满满豪华登场

材料 / 2 人份

鸡大胸肉　50g
干香菇　1 个
绢豆腐　¼ 块
胡萝卜　¼ 根（30g）
韭菜　4 根
姜　1 块
鸡蛋　2 个
中餐汤　2 杯
A｜酱油・酒・蚝油
　｜　各 ⅔ 大匙
水溶淀粉｜淀粉　半大匙
　　　　｜水　3 大匙
醋　1 大匙
辣油　半大匙

1. 鸡肉细切成 4cm 长。干香菇浸水泡发，去茎细切成 4cm 长。豆腐、胡萝卜、韭菜细切成 4cm 长。姜切成 4cm 长的丝。
2. 中餐汤入锅煮沸，加入鸡肉、香菇、胡萝卜、韭菜、姜烹煮 3 分钟。加入调料 A 混拌。
3. 煮沸后打散鸡蛋，搅开后均匀注入。均匀加入水溶淀粉调得黏黏稠稠，加入豆腐。熄火加入醋、辣油。

红烧狮子头

将大个头的肉丸看作狮子头，量大份足的中式煮物

材料 / 4 人份

猪肉馅儿 300g
藕 50g
葱・姜（切碎末） 各 1⅓ 大匙
煮鹌鹑蛋（罐头） 4 个
冬葱 50g
白菜叶 4 片
胡萝卜 半根（50g）
粉丝 30g

A
- 酱油 1⅓ 大匙
- 淀粉 2 大匙
- 鸡蛋 1 个
- 砂糖 2 小匙
- 盐・胡椒 各少量

B
- 中餐汤 4 杯
- 酱油・酒 各 2 大匙
- 盐 ¼ 小匙
- 芝麻油・砂糖 各 1 小匙
- 胡椒 少量

色拉油 适量

1. 藕削皮切碎末。将猪肉馅儿、藕、葱、姜、调料 A 入碗充分均匀搅拌。分成 4 等份捏成直径 10cm× 厚 2cm 的丸子，在中央埋进鹌鹑蛋。
2. 将 1½ 大匙色拉油入平底炒锅，用中火加热后加入步骤 1 中的食材，煎烤 5 分钟左右，煎烤到两面上色。
3. 冬葱、白菜切成 5cm 长。胡萝卜切成 3mm 厚的圆片，出模成型。粉丝浸水泡发切成 5~6cm 长备用。
4. 将调料 B 入锅煮沸，加入步骤 2、3 中的食材烹煮 15 分钟左右。

可盛入餐器，亦可直接端锅上桌

什锦浇汁锅巴

刚刚炸脆的热锅巴，满满地浇淋上黏稠的浇汁

材料 / 4人份

锅巴（市面售品）8片
虾 8只
鱿鱼躯干（预处理）80g
鳕鱼（鱼肉块）2块
鲜香菇 2个
竹笋（水煮）50g
油菜 1棵
胡萝卜 ⅓根（50g）

A
酱油·蚝油·砂糖 各1大匙
醋 1½大匙
XO酱·芝麻油 各2小匙
盐 半小匙
白胡椒 少量
中餐汤 3½杯
淀粉 3大匙

色拉油 1大匙
煎炸用油 适量

1. 虾留尾剥皮，去除背肠。鱿鱼切成一口大小，割入细密的格子状切口。鳕鱼、竹笋、油菜切成一口大小。鲜香菇去茎削成薄片。胡萝卜切成圆薄片。
2. 色拉油入平底炒锅，用旺火加热，翻炒香菇、竹笋、油菜、胡萝卜。再加入虾、鱿鱼、鳕鱼过火加热，注入调料A煮沸后熄火。
3. 将煎炸用油加热到180℃，用筷子夹着锅巴入油。约10秒钟后会像米花糖那样一下子轻轻膨胀起来，翻转过来后马上出锅盛入餐器。
4. 将步骤2中的食材煮沸，浇淋到步骤3中的食材上。

这时候会“嗤”地发出声响，宾客们肯定欢喜

材料 / 4 人份

糯米 1合
猪肉馅儿 250g
葱（切碎末）1大匙
姜（切碎末）2小匙
A | 鸡蛋 半个
酱油 1小匙
酒 1大匙
淀粉・水 各2大匙
盐・胡椒 各少量
食品专用红粉 少量

1. 猪肉、葱、姜入碗加进调料A，搅拌到黏黏糊糊。分成12等份捏成团备用。
2. 淘洗糯米浸水3小时。加入食品专用红粉调成粉红色控水。
3. 将步骤2中的食材摊放进方瓷盘，将步骤1中的食材放入滚动并同时将糯米涂满肉丸。
4. 将步骤3中的食材摆放进耐热盘，用蒸笼坐旺火烹蒸20分钟。

均匀涂满肉丸表面，使其完全显露不出来

糯米肉丸

肉丸包在糯米里烹蒸。喜庆日子的不二之选

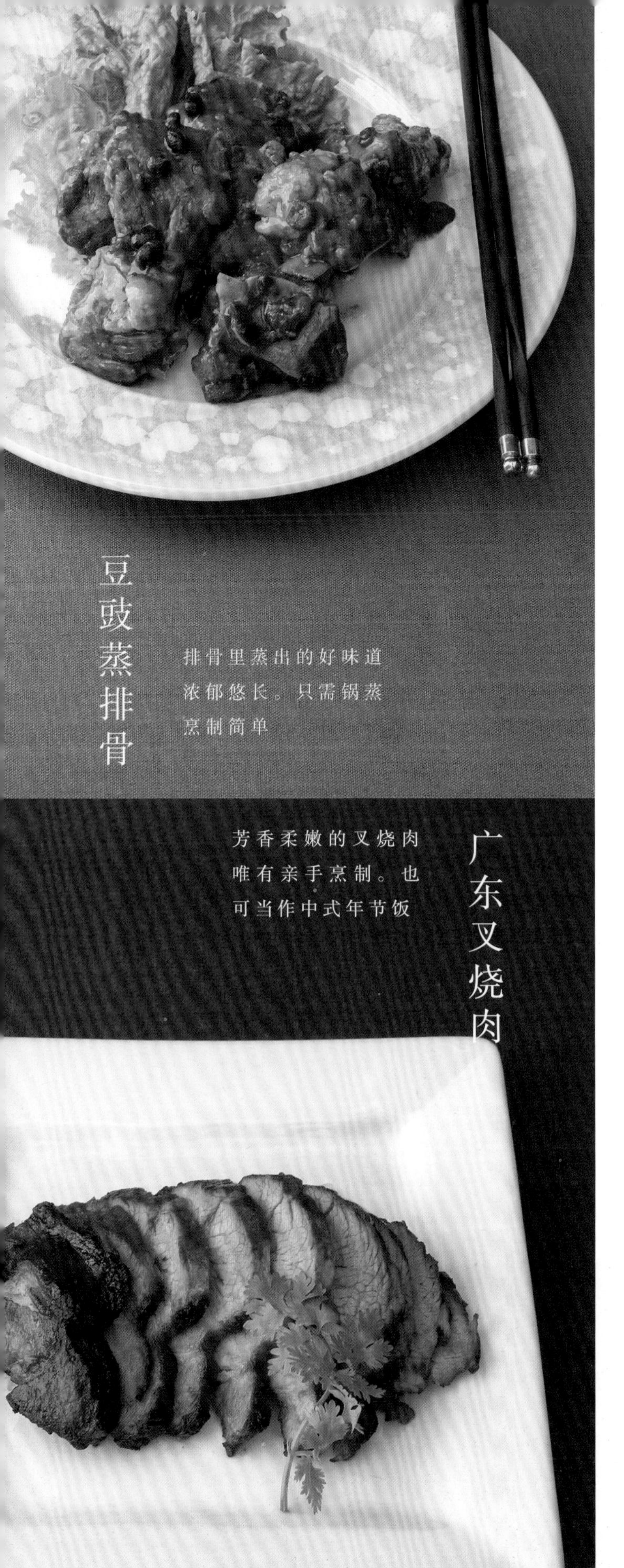

豆豉蒸排骨

排骨里蒸出的好味道
浓郁悠长。只需锅蒸
烹制简单

材料 / 4人份

猪排骨（预先请肉店剁成3cm长） 400g
盐·胡椒　各少量
A 豆豉　1大匙
　酱油·酒　各2大匙
　砂糖　1½大匙
　淀粉　1大匙
　蒜（切碎末） 2小匙
　红辣椒（切碎末） 半根
散叶生菜　适量

在蒸过的黑豆里加盐发酵而成

1. 猪排骨上撒上盐、胡椒。
2. 将调料A充分均匀混拌，足量揉搓渗透进步骤1中的食材中，放置1小时。
3. 将步骤2中的食材连同调料一起放入耐热容器，置于冒出蒸汽的蒸饭器内用旺火烹蒸20分钟。在另一个餐器内铺放上散叶生菜，盛上猪排骨。

摆放到盘上，敷上保鲜膜，用600W的微波炉加热7~8分钟亦可，加热过程中要不时翻动变换猪排骨位置

广东叉烧肉

芳香柔嫩的叉烧肉
唯有亲手烹制。也
可当作中式年节饭

材料 / 4人份

猪肩里脊肉块　600g
A 酱油·砂糖　各4大匙
　绍兴酒·赤味噌　各2大匙
　盐　半小匙
　搅开的蛋液　1个量
香菜（有的话） 适量

1. 将调料A充分均匀混拌，足量揉搓渗透进猪肉，放置1小时。
2. 将厨纸铺放在烤箱烤盘上，再放置上烤箱烘烤网架将步骤1中的食材摆放其上。用预热到200℃的烤箱烘烤40分钟。
3. 降温后切成薄片。盛入餐器，点缀上香菜。

1.

2.

从东京银座老字号百货店、品牌店鳞次栉比的“中央大街”出发，向歌舞伎町方向走过三条街，“田中伶子烹饪学校”就位于此处一个楼座的2层。

5个带有小炉子（电磁烹调器）的烹饪台面让人联想起家庭科的上课情景。学员们数人一组在此进行料理实习。经常听到这样的感想：“能开开心心扎扎实实地从基础学起，烹饪技术进步也很快！”

食材几乎都是从附近的筑地市场购买的。品味从全国各地汇集而来的新鲜食材自不必说，还要请学员通过目视、手触、鼻嗅切实感受当季食材的鲜美。

料理教室开设有家庭料理学习课程和美食专业培训课程，各类课程学习结束后都能够取得各种考核资格。欢迎随时前来咨询。

3.

4.

5.

6.

1・2是日餐与西餐的菜品搭配食谱各一例。通常，算上甜点共4道菜。
3是授课情景。讲师在中央烹饪台上现场演示后，学员们开始实习。
4是讲师在授课前预先备好食材。
5是协助本书摄影的诸位烹调师毕业生。
6是女儿中村奈津子的纽约风味料理课程也在开讲中。

田中伶子烹饪学校 http://www.tanakacook.com/
〒104-0061 东京都中央区银座2-11-18 银座小林大厦2层 TEL03-5565-5370 FAX03-5565-5375 星期一～星期六 12:00～21:00

后记

本书介绍的食谱，都是我身为烹调师从长期实践活动中精选出来的实例。口味不定，就算在料理教室里反复讲解，学员们也不会心动。还有，不管多豪华的菜品，如果太费时间，学员们同样反应冷淡。从超过 1000 例的实践积累中选出的这 150 道菜，都是我绝对有自信推荐给诸位读者朋友的精品。

集料理教室五十年大成的本书能够出版实属幸事。已经坚持了半个世纪！连自己都吃惊不已，这多亏了众多学员、职员以及女儿中村奈津子的支持。本书的摄影工作得到了从料理教室毕业、现在身为料理研究家在烹饪领域大展身手的多位学员的支持，我对此感慨颇深。拍摄结束后，摄影师与造型师们围在桌边将作为拍摄对象的饭菜一起吃掉的场面也成了美好的回忆。对烹调师而言，大家嚷嚷“好吃！”“回家也要做做看！”的那一刻，真是无比温暖。

能让手执本书的诸位读者朋友每日的饭桌更轻松更美味，并在今后的数年中一直坚持下去，便是我最大的欣喜。非常感谢！

田中伶子

图书在版编目（CIP）数据

田中伶子的日式家庭料理 / (日) 田中伶子著；纪鑫译. -- 青岛：青岛出版社, 2017.12
ISBN 978-7-5552-5924-4

Ⅰ. ①田… Ⅱ. ①田… ②纪… Ⅲ. ①菜谱-日本
Ⅳ. ①TS972.183.13

中国版本图书馆CIP数据核字(2017)第264572号

书　　名　田中伶子的日式家庭料理
著　　者　（日）田中伶子
译　　者　纪　鑫
社　　址　青岛市海尔路182号（266061）
本社网址　http://www.qdpub.com
邮购电话　13335059110　0532-68068026
责任编辑　杨成舜　刘　冰
特约编辑　曹红星
封面设计　安　之
照　　排　青岛竖仁广告有限公司
印　　刷　青岛浩鑫彩印有限公司
出版日期　2018年1月第1版　2018年1月第1次印刷
开　　本　16开（890mm×1240mm）
印　　张　8.25
字　　数　50千
图　　数　315
印　　数　1-5000
书　　号　ISBN 978-7-5552-5924-4
定　　价　45.00元

编校印装质量、盗版监督服务电话　4006532017　0532-68068638
本书建议陈列类别：美食